雅茗天地集團——大事記

仙踪林
rbt tea cafe

1994
於香港旺角創立「仙踪林」，為第一家臺式泡沫紅茶館

1996
第一家「仙踪林」在上海登陸，引發了上海紅茶坊熱潮

1998
仙踪林獲首屆香港特區政府頒發、由香港生產力促進局及香港商會合辦的「新創辦中小型企業獎」

1999
上海仙踪林餐飲管理有限公司成立，並開設全球第一所珍珠奶茶學院
日本NHK電視台報導「上海名店之一：仙踪林」

2000
仙踪林榮獲渣打銀行渣打創業大賞之「卓越企業獎」

2001
「仙踪林」獲中國連鎖經營協會「2001年度中國優秀特許品牌」及「全國十大品牌」
《仙踪林闖中國》一書發行，蟬連數月商業類排行榜前十名，並獲得《金書獎》殊榮

2002
上海仙踪林餐飲管理有限公司通過ISO 9001品質管制驗證

2003
成立廣州經營團隊並積極開拓華南市場
「仙踪林」獲中國連鎖經營協會頒發《中國優秀特許品牌》

2004
再度獲選為《中國優秀特許品牌》

快乐柠檬
happylemon

2005
「仙踪林」獲上海連鎖經營協會選為《上海最具影響力品牌》

2006
創立「快樂檸檬」品牌，上海快樂檸檬餐飲管理有限公司成立，第一家直營店「天鑰橋店」設立於上海

2007
「仙踪林」獲中國連鎖經營協會頒發《中國優秀特許獎》

2008
「仙踪林」以及「快樂檸檬」成為中國連鎖協會授權「08 年北京奧運會特許商品專賣店」巡查員稱號

快樂檸檬成立北京佳群餐飲管理有限公司，開拓中國大陸華東、華北地區；成立廣州宏展餐飲管理有限公司，開拓中國大陸華南地區

2009
設立雅茗天地股份有限公司

2010
「仙踪林」、「快樂檸檬」成為「2010 年上海世界博覽會」餐飲服務商

快樂檸檬進軍海外市場，於新加坡、澳洲雪梨、菲律賓馬尼拉等地設立加盟店鋪

2012
快樂檸檬開拓中國大陸西南地區，成立成都快樂檸檬餐飲管理有限公司

快樂檸檬積極拓展東南亞市場，於泰國曼谷設立加盟店鋪

2013
快樂檸檬於臺灣臺北市設立第一家直營店「延吉店」

快樂檸檬於韓國首爾展店

快樂檸檬與仙踪林於全球總店鋪數超過 500 家

2014
與日本京王集團簽約合作

快樂檸檬進駐美國紐約

截至九月底止，快樂檸檬與仙踪林於全球總店鋪數超過 600 家

吳伯超暨其夫人陳佑眞女士接受星巴克執行長霍華·舒茲（中）邀請，於美國紐約會所合影留念

2013年04月國際加盟展臺北場，副總統吳敦義到場支持

與京王電鐵株式會社會長加藤奐（前排右一）與總經理永田正（前排左一）會面，商談在日本的拓點策略

快樂檸檬以在一級商城展店爲主要市場策略

「上海日月光廣場」門市

「上海國際金融中心」門市

「上海正大廣場」門市

「上海恆基名人購物中心」門市

快樂檸檬在世界各地開枝散葉

1 泰國「The Up Rama 3」商場門市

2 韓國明洞店為一棟三層樓的獨立建築

3 菲律賓「SM City North EDSA」商場門市

4 2013 年 8 月快樂檸檬南西店開幕，吸引了欲嘗鮮的排隊人潮

5 美國紐約市「美食廣場」門市

雅茗天地集團的「仙踪林」和「fresh tea」品牌

freshtea 以鮮茶生活為概念，並提供精緻的茶葉禮盒

仙踪林以新意茶飲為訴求，結合精緻美食簡餐，搶攻平價餐飲市場

仙踪林以珍珠奶茶為主打，並提供簡餐。室內裝潢以清新雅緻為風格，色彩怡人

雅茗天地集團以深耕研發及多元行銷爲經營理念

推出眾多形象商品，是同行中唯一以多元管道連結消費者的茶飲業者

上海總部內設的茶飲研發中心

上海總部內設的訓練餐廳

紅茶就是高科技

以一杯茶打造國際餐飲集團的牧羊法則

雅茗天地集團董事長 吳伯超——口述
張志偉——文字

各界佳評 COMMENTS

■我非常認同伯超在書中所提的觀念，台灣小市場，卻有大競爭，而如果能在如此激烈的市場求生圖存，就絕對有經略世界的能力。能擅於解讀每個市場的特性，才能遠離抱怨，積極向前。尤其，本書以牧羊人領導的經營比喻，啟示企業雖小，也不應懼怕狼性對手來襲，對於當下台灣面對開放競爭的常見疑慮，不啻爲茫然憂懼的氛圍心理，指出了最適的應對心態與定位，更足堪做爲經營管理的謙卑哲學。

認識伯超多年，見證了他一路無畏艱難，困勉成長的驚人毅力，有人的成功只是「偶然」，但更有人的成功實屬「必然」，原因正在於無論所處的行業爲何，都以絕對敬業的態度勤懇耕耘，終至開花結果的滿園豐收。這也是主角的名言——「紅茶就是高科技」，總令人咀嚼再三、饒富深意的言外底蘊。

有的故事值得一讀，更有些故事值得一讀再讀。本書就屬後者，特以誠摯推薦。

許湘鋐，台灣連鎖加盟促進協會理事長

■看到伯超兄新書的標題，笑了。「牧羊法則」？你是牧羊人？還是狼？看到第一章的章名，又笑了。這是我十年前初抵上海，在《移居上海》雜誌上的專欄開篇第一章章名「逐水草而居」。

石濤翁有云：「藝者，一理通而萬理徹。」爲商與爲藝其實一致，就連做人做事的道理應該也是一致的。所以，一定要爲伯超他的這本書、他的事業、他的人生，用力拍拍手。

會找我寫序，應該是因爲：一、我勉強算個名人。二、我出過多本書，好像賣得都還可以。三、我們有這個交情。其實他不知道，我一定要寫這個序是因爲：一、那是個一樣的心境。二、我也正在創業，我的artgogo.com。三、我們眞的有這個交情。

要拚人生，要看看自己有多大能耐的人，來看看Albert吳伯超的說法。要來大陸，要試試自己還能不能打下江山的人，可以在書裡一窺堂奧。然後，聽我一句：來，眞的來，放下身段來（如果你還有），蹲在這裡，打回原形，最終，或許你還有機會，像Albert一樣，跳起來，迎風招搖！

恭喜伯超兄的心血結晶，看著書而有感觸的時候，請別忘記也關注他的事業亮點！

在此同時，也給和他一樣拚搏一生寫奇蹟的人，一點點掌聲。當然，也別忘記，給你自己，也拍拍手。

人生裡，最能鼓勵你的；就是你自己。拍拍手，我們都一樣，加油。

曹啟泰，名主持人．勝利通泰文化創意諮詢公司董事總經理雖然在台灣的茶飲事業受到極大的重挫，我仍不斷思考，既然茶是民族嗜喝的「國粹」飲品，斷無缺乏機會的可能。九〇年代的香港，茶品選項極爲有限，就像是亟待灌溉的荒田，在不輕言放棄的堅持下，我找到了成就豐美水草的絕佳機會。

驚鴻一瞥的不歸路／從逐水草而居，到數星星的日子／最不尋常的推銷方式——二分法哲學／泡沫紅茶：既新且舊的事業／下一場商戰型態

CHAPTER 2
與狼共舞 069

面對素有野心勃勃、企圖心強烈，有「狼性」稱謂的中國大陸業者，心態與定位的拿捏，是進入此地市場最重要的準備，必須學習的第一堂課，就是「謙卑」。我以牧羊人之姿，抱持著學習與融入的謙卑心態，引領旗下員工透徹理解民眾的口味接受程度，從而精準設定品牌定位，是我得以立足中國的關鍵態度。

狼來了？台灣也曾經是狼／牧羊人領導——獅子軍團／進軍中國第一堂課：謙卑／中國吧台爭霸戰：競爭多非來自同業／「前店後廠」的港中啟示錄

CHAPTER 3

牧羊人的夢想，是逐豐美水草而居，將一個個山頭收納爲自己放牧的據點，形成壯闊的（企業）景象，如同連鎖加盟制度的拓店一般——將門市從「點」連成「線」，再擴及成「面」。過程中如何遴選店址、山寨業者的惡質模仿、加盟店的偷工減料，甚至是異國展店，在在是需要學習的課程。

理論」就是我追求的服務內涵，一種關於包裝產品定價和企業形象的價值思維，要知道顧客的需求，更要提前滿足這樣的市場需要，並且做出符合定價的服務。企業的眞正價值，不來自於設備與硬體，而來自於在整體的服務提供上是否與時俱進。

閱讀市場·閱讀城市：從「慢活」進入「快活」／兩種消費心理：滿足需求＋創造需求／是「走出」，不是「出走」：小市場，大競爭／紅茶的未來學：吃＋雲端／閱讀紅茶指數：另一種庶民指標

CHAPTER 6

黑羊白羊要過橋 195

黑羊白羊的相遇，代表不同領域的接觸與接受，在本質上，是一種學習的機會。企業領導人應該選擇「黑羊白羊過橋」寓言中合作禮讓的版本，互相讓利，而不是競爭到兩敗俱傷的版本，如此方能從中領悟企業進步的力量。不同行業的相互取法，也是黑羊白羊的相遇，我將科研精神注入傳統產業，讓紅茶也成爲一種高科技的經營。

CHAPTER 7

育種學

企業領域的育種學，是要在複製（量化），或說學習對手之後，得注入經營的靈魂（質化），才能擁有獨具一格的差異性。在量化展店規模上，我不斷開發完善的加盟制度；在質化企業內涵上，我培訓員工重視服務的細節，更打造「混血團隊」，改善弱勢基因，增進強勢基因。經此優化與融合，企業才得以眞正美麗茁壯。

CHAPTER 8

亡羊補牢 255

要獲得夢想的果實，邁向成功的路徑，最重要的上路前準備，就是準備面對失敗的試煉。今天的我其實屢屢受到嚴酷的挫敗考驗，從經營權險被霸占、資金被股東挪用、品牌抄襲、盲目跟進對手的自我迷失，甚至身心健康的問題，每每讓我受挫甚重。但也因爲這些失敗經驗的磨練，讓我得以更堅實地迎接下一個挑戰。

從loser到leader：要錯得快、錯得便宜／【案例一：霸占經營權的疑慮】／【案例二：財務黑洞：一堂千萬價值的課】／【案例三：自我抄襲？存亡風暴的危機管理】／病魔來了：創業者的最高代價／成功，是最差勁的老師

【結語】不忘初心 279

推薦序
REFERENCE

吳伯超成就出台灣菁英的榮耀

呂宗耀／呂張投資團隊總監

將「產業沙漠」扭轉為「產業綠洲」，「仙蹤林」泡沫紅茶連鎖店創辦人吳伯超董事長以「賣鞋給非洲人」精神，開創全球泡沫紅茶傳奇，就是台灣菁英吳伯超董事長的成就，台灣子民的榮耀。

一九九四年香港「泡沫紅茶」產業仍處沙漠，吳伯超董事長以創意行銷頭腦，投入泡沫紅茶業、啟動創業，用市場差異化與「隨便茶」及「S-S-S」新行銷概念，吸引媒體及名人進店消費，一炮而紅。

仙蹤林將「泡沫紅茶」在香港扭轉為「產業綠洲」後，中國成為吳伯超董事長轉戰的第二站。

吳伯超董事長這樣寫到：「謙卑面對中國市場，是跨足經營的第一課，即便是世界級大企業。」我非常認同這樣的見解。中國地廣物博，外地人要進入當地市場，必須因地制宜，必須深入本土化，方能成功。

吳伯超董事長以「謙卑」態度進中國，讓消費者在店中感受在地文化，享受仙踪林（以及另一品牌「快樂檸檬」）的親切感，因而獲致極大的成功。他自許爲牧羊人，將陸商的「狠勁如狼」和台商的「溫儒如羊」融合，取優捨劣，不分陸籍台籍，共同帶領幹部在中國奮鬥，打造出了「泡沫紅茶綠洲」的第二站。

吳伯超董事長以孜孜不倦的「實際第一線體驗」精神，跨過調查數字無法實際體現當地民情、實況的缺陷，用雙腳踩地，親身實境去接觸，體驗每一地段、加盟點的經驗，是其中國征戰最成功的地方。

「產品是經營者化身」，經營者特質會幻化於產品表現，一種產品確實會因經營者特質而不同，書中作者所處的泡沫紅茶產業，其延伸出的泡茶紅茶店何其多，吳伯超董事長以「願意喝客人所剩下的茶，找出缺點改進」的差異化出擊，以超高標準的自我要求爲本，終使創辦的「雅茗天地集團」將旗下的「仙踪林」（內用式）與「快樂檸檬」（外帶式）兩個主力品牌製作的茶飲，贏得消費者完全信賴，在中國脫穎而出。

而吳伯超董事長提出的羊毛理論（羊毛出在羊身上），我做這樣的詮釋：一杯紅茶訂價，在各環節服務加總結果後，可以有十元與一百元售價的落差，消費者是否買單，取決於其性價比內容（信任感與舒服感）。

這個道理如同資本市場競價法則，相同EPS公司，同樣會有不同股價，投資人如何買單，取決於其成長性（產業趨勢、毛利率等關鍵因子比較），有時候「貴」，並不代表不划算，「便宜」也不代表低估有賺頭，吳伯超董事長藉由閱讀市場，觀察小地方以判斷消費趨向及市場消費水平，其爲仙踪林所做出的每杯紅茶售價，非常成功。這也像極了優秀投資家在經濟數據（GDP、失業率等等）外，也幾乎都會用著名的「李克強指數─發電量與鐵路貨運量作爲觀察中國經濟指標」與「奢侈品指數」與「紅酒指數」等，做爲進入全球投資判斷依據。

另外，吳伯超董事長面對同業競爭，以合作的心態面對，發揮「集客力」，造成「集市」效應，我認爲更是「雅茗天地集團」泡沫紅茶在中國成功的另一主要元素，經營者的包容內容，成就了推出茶飲的卓越非凡。

吳伯超董事長經營的包容互利內容，最近在微軟與蘋果兩大競爭對手間的互讓利，看到了這樣精神的發酵，我認爲這種「人性價值的悟透」，在往後企業經營的廝殺，會逐漸發光發熱。

微軟的自有品牌平板電腦Surface與蘋果iPad互相競爭，但兩者銷售市占率相差二十倍，蘋果雖遠優於微軟，但因微軟近期推出Office for iPad，非常有效地刺激iPad銷售量更上層樓，蘋果CEO庫克在網路發文感謝微軟，而微軟也因Office軟體的有恩於蘋果，讓自己的業績隨蘋果iPad銷量加大而得益，讓利合作、製造雙贏，美國這兩家公司也給出了風範。

在公司壯大的過程中，廣納所需人才被視爲首要之務，美國掛牌公司思科（Cisco，網通大廠，市值一千一百八十億美元）執行長錢伯斯就這樣說過：「每次併購案，他的盤算往往不在於收購技術，而在於廣納人才。」吳伯超董事長同樣深信：「沒有世界專業級人才，自己企業就不會躋身世界級之林。」這句話從表面看，人才確實很重要，但更深層看，重要人才要吸收，公司往資本市場之路，展現有形和無形的價值才是最重要的，我相信，這也是吳伯超董事長成就仙踪林泡沫紅茶連鎖店邁向世界級企業所深思的。

一家公司有多大能量取得世界級人才，取決於一家公司市值大小，爲何從不見一流企業苦無人才，關鍵就在一流企業所展現出的市值彰顯與無形價值的珍貴，這非常重要，它能在薪水支付和內在榮耀的追尋上，緊緊地拴住並滿足一流人才，人才自然就無缺了。

一家公司往資本市場之路邁進，才能將企業能量具體數值化，並同時提升無形價值，吳伯超董事長打造出的「雅茗天地」泡沫紅茶連鎖店，已往這樣的路途邁進，這是該企業所有消費者、員工、股東，皆應引以為榮為傲的。

這本書讀到的不僅是企業家創業，它也引領讀者讀到了成功企業家在面對事情時，其「態度」的慧黠與高度。面對人生，自己是經營者；面對投資，自己依然是經營者，「態度」決定自己成就的高低，吳伯超董事長成就了自己高度，開創出的泡沫紅茶連鎖店，自然成就非凡。

當有人認為搖搖紅茶沒什麼了不起，批評紅茶又不是原子彈、也不是高科技時，吳伯超董事長只淡淡回了一句：「紅茶對我就是高科技」，賣紅茶、賣咖啡都是事業，凡事業成功都叫成就，書中舉例皆淺顯易懂，讀來雋永回味無窮，願讀者也能有得。

推薦序 REFERENCE

二十年的回顧與再出發

許士軍／逢甲大學人言講座教授

常常看到或聽到人們講到創業，還念念不忘地說，那要靠握有「勞力、土地、資本」——也許再加上「技術」這些「生產要素」。事實上，這種肇源於工業革命初期的經濟學觀念，完全脫離今日經營企業的現實。

隨著近幾十年來的產業結構、資本市場、網絡科技與電子商務之迅速而巨大的改變，企業經營成敗關鍵已不在於是否擁有上述傳統的生產要素，而在於如何組合與應用這些要素，從而創造最大的市場價值。甚至在許多情況下，企業經營者本身並不需要擁有這些實體要素，眞正屬於關鍵地位的，乃在於創新與獨特的經營模式，靠的是眼光、思惟和學習能力；近日在美國上市的阿里巴巴，就是一個最好的例子。

這說明了何以像西德和日本，能在二戰後迅速從戰爭廢墟中崛起，也應證了蓋茲所說的，即使把他隻身丟在沙漠中，只要眼前有駱駝商隊經過，他仍然會再登世界首富地位。

為什麼有人握有這種本事，而多數人沒有，特徵之一，在於前一種人懷有夢想——敢做夢，尤其敢於努力去實現他的夢想。早在蓋茲之前，另有一位創業成功的先驅——迪士尼，就曾說過這樣的話，「我夢想，並以自己的信念來試驗這些夢想；我也勇於冒險，努力實踐自己的想法來讓這些夢想成真」

然而，夢想是創業成功的必要條件，但絕不是充分條件，最近有機會讀到一本描述日本稻盛和夫先生以八十高齡讓日本航空再生的故事。書中用了這樣的形容詞，說他是以「燃燒的鬥志」和「堅定的意志力」入主一家他原來一無所知的國際航空事業，成功地帶領這家公司走出困境，有如浴火鳳凰再起。這更說明了讓夢想成真所靠的，主要是一種精神力量。

所謂「事在人為」，創業及其成敗，除了遇到某些不可克服的外在阻礙外，幾乎完全取決於創業者個人的特質和能力。事實上，像上面所說的比爾．蓋茲、華特．迪士尼、稻盛和夫，他們幾乎沒有不曾遭遇各式各樣的困難或危機。難得的是，靠著他們的眼光、判斷、毅力以及深謀遠慮，克服種種困難，化險為夷。在這過程中，沒有書籍、沒有顧問可以給他現成的答案；機會和解答都是在懸宕不明的狀態下，以無比的毅力嘗試和學習得來的。

上面所說的情況，你幾乎都可以應用到從本書主人翁吳伯超身上。舉一個例子，如書中說到，吳伯超董事長並不以喝客人剩茶爲忤，因爲只有這樣，才能發現自己產品的品質出了什麼問題，然後找到解決之道。在這裡，他所做的就是「好好耕耘，做好準備，用心面對市場」，也就是所稱「牧羊法則」的精髓。

本書所描述的雅茗天地這一家企業，二十年前，以泡沫紅茶起家，從香港出發，現今成爲遍布港、台、大陸的一家多品牌餐飲連鎖事業。値此返台上市，經以回顧過去二十年奮鬥的歷程，見證一家創業成功的艱辛故事；但是更重要的，乃是對於創業者來說，他是爲下一個二十年的再發展重新規劃和準備，但是對於廣大的讀者而言，相信可以從這本書中汲取極其珍貴而實用的經驗，獲得啟發，也是本書出版問世的價値。

推薦序 REFERENCE

漠地開花的經營傳奇

郭戈平／中國連鎖經營協會會長

二〇〇一年，爲吳伯超先生著書《仙蹤林傳奇：吳伯超和他的泡沫紅茶帝國》作序，時隔十四年，再次爲吳先生著書《紅茶就是高科技》作序，此時，吳先生創辦並領導的雅茗天地集團，也成功在台灣上市。

閱讀本書得知，當年香港飲料市場堪稱荒蕪，吳先生是第一位將珍珠奶茶帶入香港的拓荒者，也是將台式泡沫紅茶引入中國大陸的先驅者之一，這如書中所言，宛若引水灌溉荒田，使民以食爲天的中國，有了更豐富的餐飲面貌。更具意義的是，吳伯超先生白手創建的雅茗天地集團，是第一家以特許加盟爲主要經營模式在台灣成功上市的企業；這爲台灣特許加盟企業點燃又一個曙光。

與吳伯超先生認識近二十年，熱情、執著、認眞、豁達是他的標籤；如同其他白手起家的創業者，吳伯超先生也走過常人不曾體驗的艱辛創業歷程。閱讀《紅茶就是高科技》，讀者能感受吳先生樂觀堅韌的人生態度，分享和見證吳先生如何「旱田播種的毅力」，才獲取到今天「漠地開花的奇蹟」；閱讀本書，更能看到吳先生如何通過實踐總結出來的「牧羊法則」，如「亡羊補牢」「游牧後精耕」「與狼共舞」等企業經營哲學。吳先生在中國大陸發展的近二十年，同時也是中國引入特許經營模式並快速發展的二十年，因此，本書也是由點至面，從另一個角度記錄了中國特許經營的發展歷程。

根據中國連鎖經營協會於二〇一四年開展的特許加盟年度調查結果顯示，在國家經濟放緩時，特許加盟模式會有更大的發展機會；另外，投資人評選未來兩年最看好的特許加盟行業中，飲品排名第一。相信在這樣的大背景下，無論是品牌創業者、企業管理者或是投資加盟人，通過閱讀本書定能獲得有價值的資訊，爲事業成功助一臂之力。

推薦序 REFERENCE

最佳創業經營寶典

張寶誠／中國生產力中心總經理

經營事業往往要面對不可預知的變數與風險，僅憑過去的經驗和知識是不夠的，更別提要成長和永續經營了；要有極大的膽識和果決意志，才能開創長青的事業，而雅茗天地集團吳伯超董事長就是典型的勇者和智者。

伯超兄的創業歷程，充滿傳奇色彩，如同他善於變魔術的本領一般，把一杯紅茶「搖」身一變，成爲家喻戶曉的國際連鎖餐飲集團，讓人對他成功的祕訣產生無比好奇。透過本書，我們將會發現，成功絕非偶然。

話說二十多年前，在泡沫紅茶風行全台的年代，正在尋找事業第二春的他，被一則「傳授泡沫紅茶技術」的廣告吸引，立即化爲行動，前去就教學習，因而開啟了他創業的精采人生。

只是當時一窩蜂搶進的結果，處處商機的藍海瞬間變成了紅海，他的創業夥伴紛紛打退堂鼓，認定「搖紅茶」上不了檯面，是種低層次的窮途末路。伯超兄卻不輕看自己所從事的紅茶產業，也不因一時受挫而氣餒，他以開放的心胸、宏觀的視野，看出中國特有「茶文化」深厚的內涵，擁有極大的發展潛力。

所謂「心有多大，世界就有多大」，台灣因爲市場飽和做不下去，不表示紅茶生意不能做，外面的天地何其寬廣！愛做夢、敢做夢，憑感覺做事的他，懷抱理想、堅持目標，勇於跨出腳步，在香港找到新的立足點，重新出發。

他始終相信，紅茶是一個極大的產業，要做就要做大。他先立下做大事業的格局，租下香港最貴、最熱門地段的店面，生意卻異常冷清。取了個「隨便茶」的創新飲料名，讓人覺得好奇，也引來媒體報導；再加上強調台港兩地「茶香」與「茶味」不同口味的差異化行銷，「珍珠旋風」迅速掀起。從此一炮而紅，陸續開設多家分店，展開連鎖經營之路。

在他的思維裡，小小茶杯學問大，紅茶就是高科技。伯超兄把一般人眼中再簡單不過的紅茶，依各種不同的配料、甜度、溫度，以及搖茶的動作等，創造了細膩微調無限寬廣的空間，巧妙地變化出三百多種不同的奶茶，產品推陳出新。

他以發自內心、眞誠的服務，在店裡永遠以最親切的笑容招呼客人，時時將「歡迎光臨」掛在嘴邊，香港朋友爲他取了「歡迎光臨」的外號，每當他走在街上，聽見服務生說：「歡迎光臨」，總會以爲有誰在叫他。可見服務品質早已深深烙印在他的心中、實踐在他的行爲上。

不久之後，當香港的市場日趨飽和，所幸伯超兄已經累積更堅強的實力，不必再拘泥於一方小天地，再次走向更廣大的世界市場，不僅將台灣珍珠奶茶引進中國大陸，更進而轉型經營複合餐廳，優先選擇國際化程度最深的上海當橋頭堡，進駐最靠近消費族群的熱鬧商圈，做爲未來擴大發展的基地。

他以說故事的方式，將中國古老的神話《八仙會茶林》和西方童話《綠野仙踪》巧妙結合，將餐廳取名爲「仙踪林」，還神來一筆加上鞦韆的陳設，渲染悠閒浪漫的氣氛。裡面所賣的不只是紅茶，而是「休閒」的意境，大大地提升了餐廳的品味與價值。

如今，鞦韆已逐漸成了中國大陸類似茶館的必要裝備，在伯超兄精緻化的經營理念下，不斷地在競爭激烈的市場中脫穎而出，帶動潮流。多年來，仙踪林以優雅的環境、周到的服務，樹立優良品牌，充分發揮文創產業的特性，成功打造年輕人最喜歡的休閒聚會場所。

逐鹿中原是許多生意人的夢想，但也擔心這個商家必爭之地狼群林立，機關重重。

身為企業領導人，他以「牧羊法則」領導雅茗天地，積極培育牧羊人，建立強大的「獅子兵團」，再創「快樂檸檬」和「fresh tea」等備受歡迎的品牌。

品牌不是掛在門口的招牌，更重要的是要有深層的內涵，才能展現優質的企業文化。雅茗天地設立「珍珠奶茶學院」，進行有系統的教育訓練，啟發員工潛能，發揮專業水準，確保品質精良。同時，更多方網羅優秀的國際化經營、設計人才，從內到外，從小到大，展現時尚感、現代化，以此打造強有力的品牌形象。

做為食品業者，雅茗天地為維護擁有國際地位的台灣珍珠奶茶，不惜成本要求餐飲安全，一切從水做起，注重品質；所有珍珠、檸檬等相關材料，也都能確實掌握最可靠的來源。

如果說二十世紀是咖啡的世紀，廿一世紀就是中國茶的世紀，雅茗天地以中國大陸市場為核心，以連鎖加盟的方式，快速攻城掠地，遍及大陸四十多個城市，並擴散至澳洲、新加坡、泰國、菲律賓、韓國、日本等多個國家，總店數超過四百家，把中國的茶飲文化推廣到世界各地。

令人深以為傲的是，二十多年的時間，伯超兄將台灣的「國寶」珍珠奶茶第一個帶進香港，進軍大陸，征戰全球。現在，經過國際化的洗禮後，毅然決定在台上市，為台灣的飲料市場注入源頭活水，齊心打造風靡全球的國際品牌。

這是一本極佳的創業經營寶典，透過伯超兄無私分享、著書立說，是有心經營餐飲服務業，力圖進軍大陸、甚至國際市場的讀者最理想的典範案例，樂意爲之寫序推薦。

自序 PREFACE

為自己，找到可大可久的人生機會

一家創投公司的副總在尋找投資標的時，與我的企業有了接觸。謹慎、細膩的嚴謹態度是創投行業必有的基本訓練，這家業者也不例外，甚至猶有過之。

這位副總在我公司舉行聯歡會，這個多數員工齊聚一堂歡聚、門市人手不足的日子，「突襲檢查」了一些門市的經營狀況，藉以了解平日企業內部的員工服務訓練。很慶幸地，公司通過了他的「臨檢」，決定投資我的企業。

「兒子呀，你最近忙進忙出，有投資什麼行業嗎？」副總回家後，他的父親關心地問。

「喔，有呀，就是路邊常見的泡沫紅茶店。」副總認真地回答問話。

「啊，泡沫紅茶店，你發神經嗎？怎麼會投資泡沫紅茶店呢？」父親既吃驚又不以爲然地說。

這是副總事後笑著和我分享的故事。

父與子，一場觀念的對話，既反差有趣，更寓意深遠。對談中突顯了對泡沫紅茶產業的印象差異，也象徵著多數人對「小行業」的刻板認知。父親的回答顯然看到的是不值投資小行業（微利行業）的「風險」，兒子決定的投資行爲，顯然是看到可以做大的無限「機會」；也可說，父親看到的是「過去」、「現在」的泡沫紅茶，而兒子看到的是「未來」的產業面貌。

人生其實就像這場對話，我們總面臨著機會與風險的判斷，尤其在紛雜勸阻的衆聲中，必須經常做著「不知明天結果爲何」的茫然決定。但有夢想就去做吧，而且努力地做、不替自己留後路地做，那麼，或許就能柳暗花明、築夢踏實地，走出一條意想不到、快意人生的驚喜出路。

我總這麼想著，如果自己眞有所謂的經營哲學，那應該是，將小事做大，而且將對的小事重覆一千遍、一萬遍，就會成爲具有意義的「大事」。

今天公司得以台灣第一家本土餐飲連鎖返台上櫃，我眞眞切切想分享的不是經營的成果、不是高深的理論，更不是上櫃後的肯定榮耀。我最想說的是，自己沒有傲人的學歷、更沒有顯赫的出身背景，但社會環境允許一個完全不被看好的小人物，尤其是像我這樣從「社會大學」汲取經驗教訓的所謂「街頭營生者」，也能實現夢想，它就同樣能讓無數與我一樣平凡背景的人擁有可能的自我提升機會。關鍵是，能否尊敬自己的行業，無論從事行業的大小或是觀念裡的「貴賤」。

就像街頭巷尾的紅茶店，多數人總習以爲常、不以爲意，但凡存在必有理由，如果能深究細思其存在的理由，並予以深化，那就將看到一個可大可久的人生機會。

紅茶是我生命智慧視野的啟蒙，但顧客是我眞正的人生導師，他們的讚美、他們的抱怨，都讓一個始終抱著「學生見習」心態的我，不斷改進、不斷希望能不辜負導師的諄諄教誨。儘管我知道學無止盡，然而可以期望做到的是「今天能比昨天更好」。

非常感謝作者張志偉先生二度執筆，耗費數月時間以及包容我經常對字斟酌句的煩瑣要求，完成了我的口述作品；也感謝商周出版社再度爲我書籍的費心包裝與行銷。距離上回著作的問世已有十四年了，如果說第一本書內容記錄的是新生兒（新創事業）健康誕生的艱辛與喜悅；那麼這本書，就是記載長大成年、隨處有悟的困勉經驗與歷程。

人的一生，有兩個生日。一個是自己誕生的日子；一個是眞正理解自己的日子。因爲自我理解、覺醒後才能眞正重生。透過出書紀錄企業成年之日，既是階段性的反省總結過去，更自期保有更戒愼恐懼，造福他人的從業態度迎向未來。

記得第一本書問世時我曾寫道：「現在常回想那些吃苦的、受挫的、打擊的、失敗的、生氣的記憶。總覺得像是打過了一場美好的仗，直到自己有能力可以面對更大的挑戰。人生的路、事業的路都因爲這樣的能力可以走得更久、更遠。常常告訴自己，做錯的事比做對的事更重要，超越自己比超越同業更重要。」

我今天的心情依然如故。但我想多說的一件事情是，我們都在同一個世界看著彼此，也學習著彼此，既能從他人故事獲得啟發，也或成爲他人可能的取法。若我的創業歷程能有些許可茲參考的勵志意義，那就是我衷心企盼的撰書用意了。

前言 FOREWORD 創業是什麼

創業是什麼？很簡短的問題，但答案卻是言人人殊，千變萬化。

據悉，比爾．蓋茲說過：即使拿走我所有的財富，然後把我隻身丟在沙漠中，只要有駱駝商隊經過，我將會再次地成爲世界首富。

身無分文、一無所有，但蓋茲有把握只要眼前有駱駝商隊經過，他就有信心能緊握機會，藉此開始起步，再登世界首富之尊。這話背後的意義是：除了商業環境與資本主義制度提供了平地起樓的舞台之外，再者就是只要有想法與創意，任何人都有無限的可能與機會。

對每個有心成就的人來說，市場就是駱駝商隊。其中的含金量多寡、如何開採，就是創業能否成功的指標。蓋茲的這段話就類似我的創業答案，也就是即若一文不名，赤手空拳，但只要能將好的想法與商品和市場進行「交易」，一旦市場買單，創業就有成功機會了。交易的產生本質上是市場供需的對應，若有需求就會需要供給，從而就產生了交易，進而產生無中生有、白手起家的創業成功可能。

或許我的創業境遇眞有如蓋茲的這段壯語，假想的是，倘若眞如比爾・蓋茲隻身處在沙漠，而眼前眞有駱駝商隊即將經過，是我的話，該拿什麼和商隊交換？駱駝的背囊恐怕早已堆滿金銀財寶，而我當然也拿不出什麼寶物，但炎炎沙漠暑熱難耐，我想商人與駱駝若能有水，甚至是美味的飲料可以飲用，那麼飲料的價值就會不菲了。賣水、賣飲料，絕對是沙漠裡的一門好生意。但沒有水源的沙漠，我就得設法取信商隊有取得並提供水源的能力。

某種程度來說，我的創業環境眞如此境一片荒漠，而從水的商品思考，不斷地引水拓荒，就幸運地成了我和市場交易並從而翻身的籌碼。約莫二十餘年前，源起於台灣的泡沫紅茶新式飲料，我當時即已加入。市場的接受度不低，泡沫紅茶沙漠開始有綠洲的跡象，所以紅茶店如雨後春筍般地四處林立。只是，不少紅茶店後來變了質，有的店家請辣妹駐店，也有的與其他雜貨店混搭，導致賣相混亂、極不專業；當市場從新商品的藍海轉變成殺戮紅海之後，唱衰泡沫紅茶產業的聲音此起彼落。其興也勃，其亡也忽，某種程度適足形容台灣泡沫紅茶初期的發展歷程，很快地，台灣的泡沫紅茶產業進行了一次淘洗。

產業洗牌中，很多人退出這個行業了，包括我的創業夥伴，他們不看好前景，認爲收入不穩定，相較於過去軍中的固定薪餉，充滿不確定的創業簡直是拿人生開玩笑。有人的心態是玩票，事業有成就當作中了樂透；但我知道創業得玩命，事業能多成功，就看自己願爲它犧牲多少？但此時還滿懷創業念頭的我，確實可說只剩自己隻身一人了。

一次偶然的機緣與念頭，我走訪了香港一趟。那裡當時還沒有泡沫紅茶，我在香港的便利超商赫然發現，冰箱裡面的冰品飲料十分有限，如果將台灣琳琅滿目、爭奇鬥豔的各式飲料形容是片綠洲的話，當時的香港或可稱爲冰品飲料的小沙漠了。我隱隱然感覺到香港應該是有機會興業的地方。回台後，我努力說服了多數不知我要幹麼的親友，終於我算是第一次「交易」成功，說服了親友商借了八十萬台幣，代價是三分利息。就這樣，帶著未知卻熱情的壯志，以及伴我一生始終支持我的妻子，遠赴香港二度創業，也從此改寫了我的人生。

本書的文字撰寫者張志偉先生告訴我一個典故，他說，當年霍華．舒茲（Howard Schultz）要經營星巴克咖啡店前，舒茲在美國大西雅圖地區尋遍所有朋友以及擅於理財的人士。爲了一圓創業夢想，他一共拜訪了二百四十二個人，其中只有二十五個人願意或多或少地投資他，換言之，他吃了高達二百一十七個人的閉門羹。但是，也有幸的是，這二十五個親友的「高瞻遠矚」、「義氣相挺」，因此有了日後的星巴克咖啡王國。舒茲先生有一度曾突然造訪我，商談合作。或許我當時該與一樣燃燒事業夢想的他請益這段心路歷程，那應是彼此深有共鳴的同樣經驗；創業畢竟是可預見多少未知的風險，但也因此才能遇見從未知道潛力有多大的自己。

有一年，我和妻子參加了遠赴內蒙的旅遊參訪團。那是一次親身經歷截然不同風光與民情的行旅，小時候在課本上讀到的大漠孤煙直、長河落日圓，以及風吹草低見牛羊的塞上好風光，第一次實際出現在眼前。大碗喝酒、大塊吃肉，導遊安排的行程讓一行人完全體驗了蒙古文化的豪邁與灑脫。晚上可以躺臥大草原仰望星辰、白天可以騎馬馳騁山頭，對於成長於台灣的我來說，是很難得的全新體驗之旅。但這趟旅程中除了感官與文化的饗宴之外，另外的收穫是與同行旅人的心得交流。

一行人中有不少是事業有成的企業負責人，他們也是透過此趟殊勝的行程，調節平日忙碌的工作步調。旅行總讓人放鬆心情、讓人容易交淺卻言深，有時酒酣耳熱之際，很多平日不為人道的內心話就宣洩而出。很多看似風光的大老闆談到自己的創業歷程，過程中的艱辛，以及數度瀕臨倒閉邊緣，甚至向人求援挽救企業時的徬徨無助，若不是當場親耳聽聞如此剴切的描述，很難想像這些知名度高、長年縱橫商場的老闆，竟有這樣的過去。而一提到創業的甘苦談，每人你一言、我一語，或激情或淡然地訴說不堪與脆弱的過去，彷彿這是一場較量「創業誰最慘」的回憶大賽。在這些人當中，我還算是小老弟，於是我在一旁靜靜地聽著、想著，而從那刻起，我更知道自己過去受的折磨、經歷的辛苦、遭受的譏笑，在這些大老闆的經驗裡，是多麼地微不足道。我深刻體認到，每一位如此成功的人士，沒有人是如外界以爲地無風無浪、一帆風順，他們都有經濟上過不去的危難時刻，但都毅然挺過了幾乎一蹶不振的險峻關口。只要沒背叛事業，事業就不會背叛你，是我從這場「痛苦回憶大會」眞切體悟的心得。

事業有了些許成績之後，不時蒙媒體青睞邀訪演講，除了談連鎖加盟事業，也談談我的成功之道，還有如中國人民大學的教授于顯洋博士，特別將我企業的發展歷程列入經營管理課程的教案，這些肯定都給了我極大的鼓勵，內心深表感謝。但眞要說「成功」，其實很遙遠，只能說累積了一點「成績」吧，對於這兩個字，我的心路歷程是：將平凡的小事重複做個一千次、一萬次，重複的力量就會帶出無限大的機會。而這樣的平凡，就能不平凡地賣到全世界。我永遠記得，初創業時，有軍中朋友笑著對我說：「搖紅茶又不是高科技，有什麼了不起？想搖，明天我也可以去搖。」當然，說這句話的朋友始終沒有去搖紅茶，而他的話卻給了我一個心態定位，那就是我對自己說：「對我來說，紅茶就是高科技。」我從來沒把紅茶當作小生意，我始終深信，如果將自己從事的平凡行業細膩化、精緻化、標準化，乃至科技化，尊敬自己從事的行業，平平凡凡地日積月累，應該就能擁有一點成績。

當年在台灣的志願役軍人享有極穩定的生活保障，退伍時，親友總擔心我日後的生活狀況，但我想的是，人生很難逆料，我們原以爲的穩定後來竟變質成了風險，就像一些當年選擇報考鐵飯碗工作的人儘管如願了，但後來卻因改制機構裁員，頓時又失了業，陷入人生最大的危機；而選擇放棄穩定工作者，卻自己冒險創業有成，換得了人生最大的穩定。

人生就像玩大富翁遊戲，常要面對「機會」與「命運」的翻牌，翻牌結果或好或壞，但重點是要下場玩遊戲，才能體會自己從來不知的命運與機會。「從美麗的現狀出走，給自己人生一次機會」，才能期望人生中的別有洞天。每個人生都是一個故事，但我希望自己的人生能夠充滿更多的故事，也許我分享的創業故事就是這句話的美麗印證與實現。

從一介退伍的軍人到今天企業得以上市，我擁有太多的人生幸運。過程儘管百轉千迴，萬苦千辛，然而無論是喜悅的、生氣的、滿足的，或是挫折沮喪的，無一不豐富了自己的生命，事後回想，都留下人生別有滋味的美好回憶。創業是什麼？我想或許創業就如飲茶吧，縱然喝下百般滋味，感覺五味雜陳，但終將沁人心脾，入口回甘！

CHAPTER 1

逐水草而居

雖然在台灣的茶飲事業受到極大的重挫，我仍不斷思考，既然茶是民族嗜喝的「國粹」飲品，斷無缺乏機會的可能。九〇年代的香港，茶品選項極為有限，就像是亟待灌溉的荒田，在不輕言放棄的堅持下，我找到了成就豐美水草的絕佳機會。

我的創業起步是從「驚鴻一瞥」開始。

在二、三十年前的台灣，泡沫紅茶產業突然興起，有人事後研究起源的地方是台中，也有研究找出正宗的創辦人，但嚴格來說，初期的泡沫紅茶產業比較像是漸進的蛻變結果。不少人熟悉的景象是，當年的台灣常有些店家煮了熱茶裝進鐵製茶桶，然後放置門口免費奉茶給來往路人；又如公園的樹蔭下，更時常聚集些自備茶具的老人，就這麼泡起茶，然後下棋娛樂了起來。爾後開始有人聰明地結合了休閒，以及革新茶飲的內容與沖泡方式，加入了粉圓、椰果等其他添加物，以此為訴求開了店，泡沫紅茶店就這麼問世了。說起來，與其說特定的某人某地催生了泡沫紅茶產業，毋寧說每個初期的參與者都是共同創立人（Co-founder）更為貼切。

而我則是從極早的萌生初期就參與了這項產業。

驚鴻一瞥的不歸路

有一回，我在台中一位友人開設的店裡小聚，他的店就是早期萌芽的泡沫紅茶店，這是我與泡沫紅茶產業的第一次接觸，有一天就在往朋友店的途中，突然看見了一輛車經過，上頭掛著牌子寫著：「傳授泡沫紅茶技術，請電：XXXXXXX」。當時心想，朋友的店也同樣經營紅茶，似乎也是個很好的生涯出路，雖然朋友就是從業者，但太熟悉的朋友有時反而不好談商業合作，也許向陌生人學習比較自在吧。就這樣我打了這通電話進行了解，從此泡沫紅茶產業成了我的人生不歸路。

電話了解之後，發現對方的教授內容有限，與其花錢學習，不如自行摸索。於是一有空，我就到泡沫紅茶店觀摩。初期的紅茶店與今天的樣貌有些許的差異，當年還沒有外帶式的茶飲店，而座位式的紅茶店茶飲品種類也遠不如今天的多樣化。嚴格說，它彷彿只是把公園內老先生飲茶的室外模式，變成室內化。初期經營很單純，純粹就是販售紅茶，但漸漸地除了茶有了不同以外，也開始了娛樂與休閒，所以店內舉目可見下棋、抽菸、打牌的消費者。就這樣，泡沫紅茶店成了舶來品麥當勞之外，朋友聚會聊天的本土新興據點。

台灣人很靈活，一種生意型態興起，就會跟進更多的從業者，而跟進經常帶來變革，於是茶飲的種類開始推陳出新，店家的裝潢日漸奇炫，許多店家高掛著五彩繽紛燦爛奪目的霓虹燈，華燈初上時宛如來到了娛樂城。尤其是「複合式」的餐飲內容，除茶飲外，還搭配各種餐食與小菜，再加上各式的瓶裝飲料更是琳琅滿目。泡沫紅茶甚至在一些店家只是附屬的點食，也稱不上是「標準」的泡沫紅茶店。

儘管後進者的不斷加入，但此時仍屬於產業的第一萌生階段。初期的產業發展乍看之下是欣欣向榮的，但是台灣常見的一窩蜂先盛後衰現象，也無可避免地在泡沫紅茶產業出現。

沒幾年的光景，甫興起的泡沫紅茶霎時間即如雨後春筍般地四處林立。各種經營模式標新立異層出不窮，就如一窩蜂的效應，很快地進入了白熱化的低價競爭，連路邊攤個體戶也放個茶桶，加上一台搖搖機，就這麼經營了起來，當然打的是低價銷售。

價格一旦破壞，就代表市場要進入寒冬，也象徵著即將歷經一次市場的大洗牌，許多店家已開始不支倒地。初期台灣的泡沫紅茶市場就可稱是「其興也勃，其亡也忽」的發展景況，而我的入行既可說「躬逢其盛」，也可說「躬逢其衰」。

從驚鴻一瞥、眞正與紅茶產業結緣後，儘管當年還沒退伍，但十年的志願役期已剩下兩、三年的時間，我及早就想著退伍後的出路以及審視自己的興趣，有兩個重要原因吸引我投入這項產業：第一，不諱言當然是入行的門檻較低。我當時認爲經過一段時間的學習，應該就可以上手了，難度並不高。當然，事後發現，這個粗淺印象只算對了一半；第二是：我喜歡有變化的事業，當我看到泡沫紅茶可以有這麼多的飲品種類，這確實是很多元並可創造想像的行業。泡沫紅茶只要透過像是化學實驗般地配方調製，就可以有著各種口味飲料的變化潛力，滿足不同味蕾，對於喜歡變化的我是很具吸引力的有趣行業。簡單說，我發現泡沫紅茶簡直稱得上是一種「可能的藝術」。

值得一提的是當年的一個現象。當時有些泡沫紅茶店家只是將一些原料食材與紅茶混合，然後調配或烹煮出不同口味的泡沫紅茶。例如，有些作法就是將粉圓直接放入已備妥的紅茶裡，然後加些糖水後，封了杯蓋即販售給消費者。但也有店家會在放入粉圓等內容之後，開始上下努力搖晃起紅茶，將整杯飲料調勻後出售。前者是較靜態的作法，後者則是融入了手工調配的動態。

也就是說，手搖的泡沫紅茶已經開始出現並漸漸蔚爲風氣，就如同調酒般。如果到一些酒吧消費，店內訓練有素的bartender，就會熟練地替顧客調配起酒品飲料，他們會將需要的元素配方分別放入杯中，然後再倒入瓶中，以不同的手勢與搖晃動作，混勻瓶中的配方，等到所有元素一一加入並搖晃完成，再倒回杯中，即成了一杯手工製作的客製化調酒。bartender的調酒手法非常多元，甚且酷炫到技藝的層次，國際上常舉辦的花式調酒大賽就是一項證明。

我感覺，泡沫紅茶的手搖方式也該如bartender久經訓練的熟練與美妙動作一樣，成爲紅茶產業的賣點之一。這是可以發揚光大、突出特色的一項特點，畢竟泡沫紅茶店的服務生若也能現場如法炮製，也會有著遠勝於靜態製作方式的吸引力！這是我日後開店時，總希望將服務生的吧台盡量放在店門口的原因，目的就是手搖的動感頗具有吸睛力。尤其，當時一般人對茶的印象彷彿仍停留在「老人茶」定位的成年人飲料，而非年輕人日常飲品。而泡沫紅茶的出現不僅是豐富了飲茶的內容，更因此大幅改變了消費族群的「年齡」範圍了。

基於上述的想法與理由，就這樣，一九九一年我就找了幾位軍中同袍，集資了一些小錢，就這麼開店了起來。

滿懷著夢想卻帶著懵懂無知，結果卻是事與願違。我以為的創業其實與想像相去甚遠，姑且不論自家店的對外競爭能力，光對內合夥股東間就往往很難達成共識。尤其當紅茶店遍地開花、四處林立的時候，前景與錢景就出現疑慮，股東間的爭議就更加劇了。

我不忘的是，那時候幾位股東與我之間對紅茶前景的激烈論辯。有股東喜好股票投資，在那個全民瘋股票的年代，股市給全民的印象已經開始成了一夕致富的賭場。股東對著我說：「還做什麼紅茶呢？我一支漲停板就比你一月賺得多了。」他說的沒錯，如果拿投資事業的錢去買到漲停板的股票，就會有他說的利潤。只是，人生可以遇到幾個漲停板呢？

還有股東要求退股，認爲泡沫紅茶市場已經「泡沫化」了，任何行業只要一窩蜂地投入，大概就進入了衰退期，甚至死亡期了。他們看輕了紅茶、看不起自己從事的事業，我的軍中同袍還對我說：「搖紅茶的有什麼了不起，只要我想搖，我明天也可以去搖。」年輕氣盛的當年，我自然是臉紅脖子粗地反唇爭辯。以當時的時空，他們說的都沒錯，我面對這些說法，雖然言語上有所反擊，但我的立場很脆弱，因爲當時的環境確實如此。但我反擊的原因不盡然是我的生意，而是同袍說的「搖紅茶的，有什麼了不起？」

還有朋友說，「以後怎麼跟子女說，自己只是個搖紅茶的，怎麼樣都不好聽，還不如好好上班，名片亮出來，好歹還是個課長什麼的。」這些評論的潛台詞，正意味著這是一個被認爲低下且再簡單不過的行業了，即便賺了錢，也根本不值得尊重。然而，我不服氣的是，今天在歐美若有年輕人發願開設咖啡店品牌，努力在製作咖啡過程中推陳出新，我相信不會有人輕視他的行業。西方對工匠的尊敬、對任何技藝的鑽研者，即便年輕，都有一定程度的重視，尤其像是對資深咖啡師傅的尊崇，就像是對藝術大師的崇拜一樣。爲什麼東方的茶飲從事者，卻得不到同樣的社會地位與觀感呢？我想的是，搖紅茶與煮咖啡只要鑽研、只要投入，都是一門學問，何以兩者相去甚遠？何況，茶的歷史比咖啡悠久，西方有咖啡烹調大師，東方一樣可有紅茶技藝達人。

不諱言，那段時間每每回到家後，確實有種無力且茫然的感覺，一方面是自己曾經那麼努力想要打造一片天，但卻像白忙一場。在經營的過程中，我設法加了許多經營元素，比如建立自己的品牌，找人設計商標，也花錢製作店裡專屬的杯子，我隱隱感受到的是：品牌的識別度是日後很重要的資產，也是消費者信賴的憑恃。但對於紅海一片的白熱化且低價的台灣市場，這些設想或許都是多餘了。

拆夥了、結束營業了，不諱言我有點黯然，關心我的親友不時問我：接下來想做什麼？還做紅茶嗎？「做呀！我會往下做的。」當時我從長期的軍旅生涯退伍，年紀不小了。從我的角度與當時的處境，我得給自己一次機會，非得創業成功不可。但我的心裡不免仍心虛，如果這是一個可以經營的行業，那麼這行業的遠景與希望又在哪裡？

我習慣從其他領域找尋靈感，若從餐飲業的水平思考比較，那個時候，麥當勞是民眾新興的平價消費聖地，麥當勞是在一九八四年引進台灣，就跟世界其他地區一樣，這樣的西式速食店一開張，立刻引起大排長龍的朝聖消費人潮，當時新聞報導提到的環繞好幾圈的排隊長龍盛況，令我至今難忘。

報導的切入角度很多，有從速食產業視角、有從生活步調的需求，也有從西方經濟入侵的角度，一個麥當勞捲起了千堆雪般的社會探討。爾後沒多久，分店一家一家地開幕，它大幅地改變了一般民眾約會的地標，「麥當勞見」應該很多人是自彼時到今日的重要生活語彙。之後幾年當泡沫紅茶業興起，我最大的心得與判斷是，本土的聚會地標出現了。儘管它是眾家品牌林立的結果，不同於麥當勞的單一連鎖企業知名度，但是在休閒聚會場所的「土洋大戰」勢必隱約浮現。我經營的店家關門了，但我知道這股趨勢只會方興未艾，因爲那是台灣社會活力的釋放，象徵著休閒娛樂的生活需求增加。因此雖然我店倒了，但對一個產業的興起與需求，我深知自己依然躬逢其盛。

只是我沒有資本的優勢，我要如何與再起的機會相遇？但我告訴自己，「股東走了，我留下了。只要我留下了，總有與機會相遇的一天。」

從逐水草而居，到數星星的日子

什麼是機會？一個老掉牙的故事是這樣的：兩位鞋廠的業務員去非洲考察。一位的考察報告說，非洲人習慣赤腳，沒有穿鞋習慣，所以沒有可期的賣鞋商機；而另一位則做出相反的解讀，正因爲這裡的人不習慣穿鞋，正好有著無窮的商機。

看待市場常常就是類似的一體兩面。八〇年代，我的茶飲事業夢想受到極大的重挫，店面轉讓了，但我並沒有就此退出，至少在心態上，我不斷思考下一個可能。

對東方人、尤其華人來說，堪稱是民族飲料，既然是民族嗜喝的「國粹」飲品，斷無缺乏機會的可能。關鍵在於賣什麼茶？以及怎麼賣？前者指的是商品的內涵，後者則是行銷市場的溝通方式。

一九九三年，或許是福至心靈吧，我突然間靈光乍現，覺得應該到其他的華人地區走走。在當時，最近的華人地區就是香港了。人來了香港，即到大街小巷開始信步逛逛，逛著逛著就進到了一些雜貨店，以及一些類似便利超商的店家。口渴了，我想買個飲料，到了超商打開冰櫃，赫然發現相較台灣超商茶飲的多元化，當時的香港顯然品項是遠遠不及的。換言之，香港人當初的茶品選項是相當有限的。我彷彿感覺到了些什麼，然後再特別觀察賣茶的一些場地，例如一些攤子有賣著熱煮的清茶、一些飲茶店更是幾種熱茶與冰的飲料而已；再者就是傳統茶餐廳的中式飲茶，雖然有些店家也販售奶茶，但通常是店家自行固定調配，或是附贈糖包由客人自行摻雜。

簡單說，台灣已經形成茶飲熱戰商品的珍珠奶茶等新開發品項，這裡是付之闕如的。沒有珍珠奶茶的地方，正面思考，就像賣鞋業務員一樣，那就是無限可能的商機了。如果從開墾角度，缺乏台式泡沫紅茶的香港，當時就像是亟待灌溉的荒田，也可形容，這裡日後若可成就豐美可期的水草，那我當然得逐水草而居了。這一趟香江行就像是我的失業考察之旅，改變了我的視野，也從此改寫了我的人生。

隔年一九九四年，以退伍金七十八萬加上向朋友以三分利商借的八十萬台幣，就帶著妻子毅然來到人生地不熟的地方創業，開設了第一家台式泡沫紅茶店。當然，萬事起頭難，與所有的創業一樣，經歷了許多難與外人道的挫折與挑戰。

抱著非成不可的決心，一九九四年八月，在租金出奇昂貴的香港旺角的山東街，開設了香港第一家的泡沫紅茶店，面積四百呎，約合十坪，月租八萬五千港幣，高達三十萬左右台幣。這是一個僅有四、五個座位的狹小店面，加上裝潢以及當初須在香港租屋而居，很快地八十萬就幾乎用罄。

香港的第一間紅茶店開設後，反應並不如預期理想。一方面是香港不習慣這樣的珍珠奶茶，口味偏甜，且冷飲的方式短時間也難爲市場接受。各地都存在文化差異，就如同「酒家」一詞在香港就不過是一般吃飯的地方，但在台灣卻往往有著聲色場所的意涵。同樣地，甜一點、鹹一分，人人口味殊異，要改變傳統文化的味蕾是需要時間的。

雖然有不少嘗鮮的顧客前來，但生意非常慘澹，我記得第一個月的營業額正巧是等於房租八萬五千港幣，第二個月依然是同樣營業額。所有的收入繳給房東之後，其他成本就是自行吸收，算起來是嚴重虧損的，且當時的香港連續性陰雨不停，也使得生意更受衝擊。若再如此下去，不出幾月就得收拾行囊打道回府了。

萬事起頭眞難，是我當時體會最深的一句話。尤其那段日子，深夜關店後，就得趕搭末班車回去。那時的租屋處位在香港屯門，離店鋪有段不小距離，得先坐車到荃灣轉車，萬一趕不上公車，就得和陌生人拼車（共乘）回到住處，甚至爲了省錢就與老婆牽手步行回到租賃小屋了。爲了撙節開支，吃著香港的公仔麵配上店裡的泡沫紅茶，就是我的最大享受了，那是至今回憶起來既苦也甜的滋味。事後我常打趣地想，那段時間或許我和老婆一路上數的星星，比我賣出的珍珠還多。

第一年的香港經驗充滿了艱辛，不僅生意乏善可陳，更由於我的身分加添了經商的難度。由於我到香港持有的是旅行證件，並不是工作證件。因爲當時香港的移民局認爲，我從事的紅茶店，是很一般的行業，換言之不算是專業，因此不願意發給我工作證件。那時候香港所發放的簽證停駐規定，可達兩個禮拜。換言之每兩個禮拜，我就必須出境一次。但頻繁出入香港，的確造成工作上極度的不便，且當時在台灣的母親身體已有重病，事業仍在草創，又記掛著母親的健康，那種心力交瘁、前景不明的壓力，讓我倍感沉重。然而雖然千辛萬苦，但我並不畏苦，打拚出一番局面是我念茲在茲的夢想，夢想告訴我，成果比辛苦重要，要看成果，不要想著辛苦。

所幸，在幸運之神的眷顧下，終於，賣出的珍珠開始大幅超過天上的星星了。

在因緣際會下，香港的媒體尋找新的報導題材，我引進的珍珠奶茶店有了被看到的機會，加上當時的知名藝人黃霑的造訪與介紹，很榮幸地讓我的小店面成了香港的特色店家，從而又引來另一波的媒體報導。生意開始有了轉機，有一度我和老婆每天忙到得搖八百杯的紅茶，才能應付來客。而我也由此深切體會，媒體行銷對像我這樣的微型小店是多麼的重要！

最不尋常的推銷方式——二分法哲學

我喜歡變魔術，那是仍在軍中服役時迷上的一項愛好。

每每有朋友小聚或是同業餐會時候，甚至時到今日，公司的聚餐或是台商的聚會，我總會獻醜地表演一招半式以自娛娛人。有一次我無意中發現在國際上有一個同好，竟然就是令我十分敬佩，素以創意、不按牌理出牌聞名的英國維珍集團創辦人（也是執行長）理查．布蘭森（Richard Branson）先生。布蘭森曾在英國媒體的民意測驗中被評選為「英國最聰明的人」，職掌著廣角且多元化的維京集團，產品多元，有音樂、有航空、有可樂等事業群。布蘭森可以因為打賭輸了，而穿起女空服員服裝上飛機服務，既守住了承諾，也吸引了免費媒體版面的報導，贏得了關注。

布蘭森曾經在發表的專欄裡透露過一個故事，以創意行銷見長的他提到自己試過最不尋常的推銷方式，就是包括魔術在內。

那是在維京航空（Virgin Atlantic）剛成立時，布蘭森想購買飛機成立機隊，所以找上了空中巴士。一個新起步的事業當然需要極大的折扣，但經過初步溝通，空中巴士並不接受布蘭森提出的優惠購買價碼。創意怪點子很多的布蘭森決定換個不同方法溝通。趁一次與對方主管共進午餐時問：「你們覺得你們的執行長皮爾森有可能被催眠嗎？」「當然不。」空巴的主管們斬釘截鐵地回答。

然後布蘭森就對空巴執行長皮爾森說：「如果我能催眠你五分鐘，你能給我們兩百萬美元的折扣嗎？」在座大家都點頭同意，布蘭森還和大家握手表示贊同。

三分鐘後，布蘭森問「現在幾點了」，皮爾森低頭看手表，卻驚覺手表不見了。這時候布蘭森舉起手腕，上面戴著兩支表。在場的空巴主管們就居然相信布蘭森成功催眠皮爾森，並讓他把手表脫下交出。但其實布蘭森根本沒有催眠皮爾森，而是他在剛剛握手時，乘機把手表取了過來！空巴很守承諾，給了維珍航空極優惠的價格，從而使航空新事業得以順利啟航。

布蘭森在專欄講述這段趣聞後，給予的結論是：

無論你的構想爲何，依循以下的簡單步驟：說明你的新事業將帶來怎樣的改變，但要用「新鮮的方式」闡述。以溫文的態度展現你的專業，突顯你的經驗與團隊的長處。用簡單、實際的言詞傳達你的理念。不要故意使用行話。最重要的，過程要快。

魔術界有一句話是：魔術這門藝術，首要的使命在於「讓人相信不可能的存在」，而非眞正做到不可能的事。

化不可能爲可能的魔術，其魔幻新奇與令人驚呼的表演過程，都是一種與觀衆市場的「溝通」。溝通有不一而足的形式，但它掌握的其實是觀看者「期待」的心理，正因爲期待，所以引人入勝，贏得關注。而我的微型小店能受到關注與報導，就與期待有關。

甫在香港重新創業成立「仙踪林」時，初期連收支攤平都很不容易。在財務艱鉅下，根本不敢奢想有餘力進行廣告行銷，但我一直期待「廣告」衆人機會的出現。

初到香港，我不會說廣東話，與顧客的溝通也勢必不是那麼道地，因此我想的是，先在菜單上做好「溝通」，避免隔閡。到任何市場若不能做好與觀衆或消費者的市場溝通就是一種失敗。

菜單上從珍珠奶茶、椰果奶茶、茉香奶茶一路排列下來，我特地在其中一個欄位列上「隨便」。之所以列上「隨便」，是因爲我們經常發現有些人結伴用餐，當其中一人問同行的夥伴說想吃什麼時，往往得到的回答就是「隨便」。既然在不知如何點選的情形下，以一句「隨便」代替，我就索性將之成爲一項「隨便」的單品茶飲，既讓人好奇，也讓消費者省去傷腦筋的時刻。

而機會就從隨便開始。有一回，一位香港女媒體記者要報導紅茶行業，於是來到了店裡。當她隨手取來菜單，看見上面有「隨便」項目，便好奇地問我，「你的『隨便茶』有什麼不一樣嗎？」通常一般店主碰到類似的情況，一定會回答，「沒有啦，只是因爲很多點菜的客人，常常不知道要吃什麼。只是表示隨便啦，因此本店才設有隨便茶。」當然我的原意也是如此，但我卻做了一番完全不同的詮釋。「喔，我們的隨便茶學問可大了，完全是依靠進門的客人外型及條件的差異，而專門調配的茶。」這回答立即挑起了該名女記者的好奇心。她隨即反問：「那我的話，你會爲我調什麼樣的茶？」我認眞地說：「以妳短髮的造型，我會爲妳點一杯清秀佳人。」美食採訪因此變成了星座紅茶的量身訂做，可以想見，隔天的香港報紙是怎樣生動描繪了這段經歷，當然我的小小紅茶店終於打了一次重要的免費廣告。

隨著媒體的散播力量，類似的故事不斷地在紅茶店上演。有一次，來了一位女客人，當然也同樣點了一杯名聞遐邇的隨便茶，這位女客人也問了我，屬於她的隨便茶是什麼樣的茶呢？我福至心靈地答，「照妳的樣子，我會替妳調一杯天秤座茶。」孰知這位女客人立即又驚又喜地表示，「我就是天秤座的，你怎麼知道的，好厲害喔。」其實我是歪打正著，但只能慶幸福至心靈，沒想到恰巧答中。尤其幸運的是，這女客人其實是位記者，於是紅茶店又獲得了一次精采的報導。

隨便茶在香港突然聲名大噪，甚至連電視節目都來採訪，其中包括綜藝節目主持人，經常從事電影配樂，曾經創作「滄海一聲笑」、「男兒當自強」等爲人熟悉歌曲的黃霑先生，他曾在一個綜藝節目中介紹紅茶。當時節目的外景主持人，詢問我會替藝人曾華倩以及主持人黃霑搖一杯什麼樣的「隨便茶」呢？我當時透過電視，看見了曾華倩穿了一套淡綠色的服裝，於是我就應景地說，會替曾華倩搖一杯「綠色精靈」；至於黃霑先生，我從之前對他的豪邁熱情印象，便回答「醉玲瓏」。醉玲瓏是我店內當時一種略帶酒的飲料。我以黃霑詞曲風格的豪情推測，應該會略好杯中物。黃霑聞言後爽朗地大笑，開玩笑地表示，他可是不喝酒的。無論是香港、甚至爾後進入中國，我的店不斷有了更多的曝光機會，引起不少的關注。當時香港無線電視台TVB行政主席方逸華甚至曾經表示想合作，連一些藝人也不時來此歇息，許多我原先完全意想不到的報導紛紛出現，都替台式的泡沫紅茶新產業帶來絕佳接觸市場的機會。

有機會曝光創造知名度固然是好事，但若僅止於此，就可能只是一陣熱鬧後便回歸平淡。如果我的**產品沒有市場區別，未在消費者心中留下深刻的印象，浮光掠影式的報導是不會有長效的**。有鑑於此，在香港的創業過程，不僅是從飲品項目盡量別出心裁，連飲用的方式我也試圖建立識別。

我的茶初期不被香港人接受，有些消費者喝了幾口就轉身離去，還皺著眉問我：「這是什麼茶？」我數次追問消費者對茶的評語，甚至喝著客人的剩茶，就是要找出不被廣泛接受的原因。後來逐漸得出心得發現，香港人與台灣人對口味的要求不同，香港人可能是喝慣英國濃茶，所以較注重茶味。

因此每當有人詢問泡沫紅茶與香港當地的茶，有何不同時？我會告訴詢問者：「你先喝一口，停在喉嚨約五秒鐘，然後請你做一個深呼吸。」當詢問者照做之後，我又問他，「聞到了茉莉的香味了吧！」詢問者回味著口中的味道，說到「好像有」。我接著說：「這就是對妳剛才問題的回答。」

「什麼意思？」詢問者還是似懂非懂。

「香港的茶重茶味，而泡沫紅茶重茶香。」

我當時還創造了所謂的S—S—S的口號。三個S，分別代表了Suck（吸）Smell（聞）Swallow（吞嚥），設計口號的目的是，教育消費者所謂「正確」喝奶茶的方式，爲了無非是創造所謂的企業產品印象化，增添消費時的內涵與想像空間。

很多人以爲「茶味」與「茶香」之說，只是我當場的即席靈敏反應，但並非如此。那確實是我的觀察心得，也是我發現可以將「市場陌生」的劣勢，轉爲差異化行銷的優勢所在。而這正是與市場如何溝通的門路。從藝人黃霑、曾華倩，再到每位與我接觸的記者與顧客，我都視爲與市場的「溝通」機會。溝通的方式就如變魔術一樣，如果能引發他們的期待與好奇，那就有了好的開始。比如說，飲茶可以從顧客的不同而量身打造，似乎聽來不易做到。但試想，今天的任何一家泡沫紅茶業者都可以做到讓顧客選擇正常甜、半糖、三分糖、一分糖、無糖；以及全冰、七分冰、半冰、少冰、微冰、碎冰；以及溫或熱等不同特選調製方式，這已經一定程度做到量身打造了。相對的比較，到咖啡店可以有多種口味咖啡的選擇，也可以某種程度稍微替顧客做變化，如加冰量的多寡，但是冰咖啡和熱咖啡就絕對是不同的價格，且基本上做不到如泡沫紅茶行業如此多種的細膩微調。

從茶與咖啡的比較裡，我很早就發現，如果咖啡是西方人的飲料聖品，那麼茶更有遠遠超過咖啡的潛力，加上茶竟然可做到這麼多的特調選項，我深刻認知到，「差異化」與「細膩化」的泡沫紅茶產業極可能吸納更多的消費族群，不僅可藉此與已經成熟的咖啡連鎖產業一搏，甚至也是與同業相較時，進行細節競爭的必要思考。

若從經商哲學細究，當我透過媒體或是門市店面告知消費者，並自創品嘗泡沫紅茶的喝法，訴求的差異是：香港的英式奶茶偏重茶味，而我從台灣帶來的泡沫紅茶則是側重茶香。又，當其他家泡沫紅茶允許玩牌、抽菸，甚至喧囂時，我則是在自己的店內嚴禁這些行為，只希望提供單純寧謐、怡然自得的飲茶空間。我是這麼告知消費者：要打牌抽菸，請到別家。當時，十之有九的紅茶店是允許上述行為，換言之，僅有一、兩家業者是禁止的。無形中，不禁止的業者占了多數，而禁止的業者，如我的品牌，鳳毛麟角。亦即，**我的品牌至少「明顯區分」於市場的普遍氛圍，因而成了風格鮮明的店家**。

我自己後來回顧創業以來的這些作法，才赫然發現，在不知不覺中，我以「二分法」區隔了自己產品與市場習慣或產品的差異化，也因而取得不錯的效益。這些經驗教育我的是：在泡沫紅茶的紅海世界裡，一樣可以找到屬於自己優游的藍海，提供持續經營的利基。

很慶幸，這些作法與接觸機會，對我的事業與定位產生了極大的幫助。知道這些故事的朋友說我反應靈敏，但我並非譁衆取寵，逞口舌之能，而是我在台灣的失敗經驗以及來香港後的文化差異觀察，長時間省思從業的定位與行銷的想法。只是起初我欠缺了周告大衆的機會，而當這些機會出現後，終於有了印證想法的時刻，也讓我的企業開始有了知名度。從過程中我的體會是：雖然入境要隨俗，但是有時外來的東西反而滿足早已存在的更大需求，只是之前並未接觸而已。某種程度來說，我相信消費者是可以教育的。當經營者「定義」了商品，甚至用了如布蘭森的以「新鮮的方式」闡述，就會形成一種模範與定律，甚至變成了「正宗」。

隨著知名度提升，不僅兩岸三地各種媒體紛紛介紹，TVBS新聞還以「奶茶上閃閃發光的珍珠」做了報導。一九九七年香港的《經濟日報》甚至報導我擬建立「東方麥當勞」，而珍珠奶茶，也在香港颳起一陣「珍珠旋風」。不僅很多果汁吧台開始販售珍珠奶茶，連餐廳，甚至是五星級的飯店也賣起了珍珠奶茶，而日本的壽司店，也推出「珍珠壽司」。珍珠一時的風起雲湧，蔚爲香港餐飲界有史以來的奇觀。至此，香港眞的讓我初步的夢想成眞，成了泡沫紅茶的水草豐美之地了。

泡沫紅茶：既新且舊的事業

在興業的過程中，我其實一直不斷試著替自己從事的行業定義與定位。到底這個讓我傾其一生投入的產業有什麼特色？

在香港時，每當有人問我，「珍珠奶茶除了多了粉圓，和英式奶茶有什麼不同？」是呀，有什麼不同呢？上述我解釋的差異與經營的型態到底特殊性在哪？我若能自問自答，才代表我理解了這項產業。香港的經營階段就是讓我逐漸體會了泡沫紅茶茶飲是一種很特別的行業，我定義它爲「既新且舊」的行業。

每種事業都有先天的屬性，若以新舊來分，有些特別講究新，有些則一定要強調舊。比如：手機功能推陳出新，外型爭奇鬥豔，材質也與日俱進，因爲這是一個講究新功能與酷炫感受的商品，推陳出新的速度幾乎主導了市場成敗的絕大因素；但如果是飲食的行業，訴求的可能就是古法傳統的不變口味。老饕與消費者就是味蕾與舌尖獨鍾其味，因此一試便成了長年的老顧客，一旦創新口味，很可能適得其反，反而趕跑了客人而不自知。一個著名的例子就是可口可樂公司的故事，也是每一家從事飲料業的企業必須熟讀的案例。

一九八五年時，可口可樂發行一種新配方。理由很簡單，就是希望從原來的經典不傳之祕配方上做延伸。長年高居世界品牌價值第一名的可口可樂，不僅有最好的行銷團隊，又有嚴謹的市場調查做基礎。據說，當時這家飲料大企業斥資了四百萬美元進行市場調查，對象是總公司附近的二十萬住民與消費者。調查結果是：新的可樂口味擊敗原有的可樂，民調數字是六三％比三七％。

有了民調當後盾，且經市場專家謹愼分析之後，公司便選了好日子，鄭重推出新口味的可樂，沒料到甫上市，就引發傳統口味可樂迷之間的爭議，甚至有可樂迷刻意破壞觸目可及的新可樂。由於事件鬧得不小，公司爲了平息可樂粉絲的負面情緒，只好產品分成「新可樂」與「經典可口可樂」。但前者到了一九九〇年就銷聲匿跡了。此舉，不僅行銷金額損失慘重，有一說是高達四千八百萬美元，同時也嚴重衝擊顧客對品牌的信賴度，有時候會有自己受騙的感覺。

求新求變，幾乎是企業人士琅琅上口的口號，但行業別的不同、市場的變化，都可能讓好意落空，弄巧成拙。消費者與商品的連結，往往超過功能性的理性要求，反而感情或情緒的因素會占上風。「市場永遠是對的，哪怕它錯了！」這是很貞切的一句話，在市場面前或許眞的沒有道理，只能順應而爲。

的確，有的產業必須快速創新，但有的產業則必須越老越好。泡沫紅茶產業呢？或許介乎其中。爲什麼我稱泡沫紅茶產業是既新且舊的行業，原因即在於除了原有被市場接受的茶飲種類外，如果注重消費者的口味變化，以及保持店家的新鮮感，就得不斷推陳出新，因此除了原有的口味茶飲來滿足需求以外，也要推出新款茶飲來創造需求。在我的店家裡，我會做銷售排行榜，藉此觀察消費者的接受度。倘若，始終擁有穩定的點喝率，那麼菜單上就會長保一席之地，相反地，若是反應冷清不如理想，那就得趕緊下架了。我店裡保有一定的更換比例，這麼做才能穩住舊雨，又能招攬新知，所以我稱此行業既新且舊。

實際上，以商品多元爲特色的行業，都必須要透過更換一定比例來維持新鮮與好奇。比如我看過的資料顯示，零售業的先進業者日本7-ELEVEN便利超商，便利商店門市陳列約二千五百項商品，每星期約增加一百項。當然在有限的陳列架上，淘汰的品項之多就不在話下了。說起來，若真要思考每家同業的競爭力，倒不如說消費者的需要是什麼？誰能滿足越多消費者，誰就越能擁有一片天。這也就是日本7-ELEVEN的掌舵者鈴木敏文只要有機會就會說，「我們競爭對手並非其他同業，而是每天需求不斷在變化的顧客。」在香港的最大收穫，就是我想清楚了泡沫紅茶產業的多元性與變化性，同時清楚認知到它絕對有媲美西方、超越西方咖啡市場經營的潛力。尤其躬逢一水之隔的中國市場偉然崛起之後，這是一個可以將夢做大的重要契機了。

下一場商戰型態

原本在香港的連鎖拓店順利情況下，有人開始與我洽商合作、願意投資我的事業。在希望擴大台式飲料版圖的願望下，我接受了合作之議，也開始透過連鎖方式，規模化地展業了起來。可惜好景不常，合作方的財務出了問題，導致帳目不清，並因債務影響了公司的經營；當時我連帶受了嚴重影響，資金周轉出了狀況，我只好又向親友借貸，並有好長的時間公司的財務都處在岌岌可危的情況下。

另一方面，香港的後起之秀也紛紛出現，市場又開始進入當年台灣白熱化的競爭態勢，而香港又是個彈丸之地，租金昂貴之外，市場也相對有限，於是一個問題又在我腦海浮起：如果我是一個做夢人，那麼，我要如何向別人說夢呢？如何讓別人理解我的企圖心，以及泡沫紅茶的前景是可期的呢？

任何一位向前尋路的拓荒者，無不時刻懸念找尋下一處豐美的水草，再次進行逐水草而居，換言之，我得替企業尋找更大的養分與可能性。當時我回想起台灣的泡沫紅茶產業發展由盛轉衰時的一個想法：外來的麥當勞和本土的泡沫紅茶店土洋對決的對戰情勢必將成形；朋友說，兩者販售內容不同，應該有市場區隔性，且企業大小差距太大，未必會有正面競爭。是的，純粹就販售食品內容，顧客各有所好未必會有衝突，但實際上兩者同樣爭奪的一塊市場是：休閒的聚會場所。若此，就可預判下一場戰爭的型態，即是「不來自同業而來自功能」。何者較受青睞，就會影響生意的績效。在這種競逐態勢下，紅茶店的日後發展走向會是什麼？也是我一直在思考的興趣題目。

當時我的看法是，泡沫紅茶店可能會有兩種走向出現，一個是走向年輕人娛樂的聚會場所模式，在此模式下，可能容許玩牌、抽菸，允許來客一定程度的熱鬧喧囂，果然日後許多的泡沫紅茶店便是如此經營型態，甚至爾後結合了網路，成了上網打發時間的場地；另一種則是提供清幽的用餐環境，更可能禁止吸菸、玩牌，以高檔的消費層次做訴求。

我隨著台灣開店的受挫經驗，想的是，日後希望能走的是第二種發展模式。比較類似麥當勞的經營環境，雖然嚴格說，麥當勞不算是餐廳，但它同樣也在環境上對消費者做了要求。誠然，低價的茶飲也能有廣大的市場，但若要決心把泡沫紅茶的檔次提高，可以與極品咖啡的形象媲美，猶處於發展初期的新款茶飲行業就勢必要有很好的包裝，不僅是內容品質的提升與控管，還必須佐以整體的包裝，包括茶飲的包裝以及店內環境的裝潢。這就像是罐裝咖啡可以非常廉價，但進入了星巴克的咖啡價格就天差地別了。確實製作的方式不同，但用餐環境的品質當然也是價格的訂定因素之一。

在香港階段，雖然仙踪林連鎖的店家數目不少了，也做了許多環境上的要求與規範，但畢竟香港店租極高，面積有限，很難呈現餐廳式的高檔舒適感覺。或許，到了面積放大的中國，更有餘裕成就在台灣未竟的餐廳型態夢想了。

再者，約莫十餘年前，世界經濟的大趨向之一，也有人稱爲爾後全球經濟的兩大出路，一是中國大陸，二是網際網路。前者是連年高速發展的最大新興實體市場，後者則是虛擬時代來臨下的新經濟場域，兩者都提供了成長的沃土。我當時想，「網路」其實就是「網絡」，綿密的連結是其重要的特色，我雖然經營的不是網路產業，但可取法網絡的精神，尤其加上中國大陸的市場廣袤，最佳的發展方式就是連鎖加盟制度的引入。於是「中國」加上「網絡」概念，就這樣，很自然地我將眼光與行動投向了一水之隔的中國大陸。

CHAPTER 2

與狼共舞

面對素有野心勃勃、企圖心強烈，有「狼性」稱謂的中國大陸業者，心態與定位的拿捏，是進入此地市場最重要的準備，必須學習的第一堂課，就是「謙卑」。我以牧羊人之姿，抱持著學習與融入的謙卑心態，引領旗下員工透徹理解民眾的口味接受程度，從而精準設定品牌定位，是我得以立足中國的關鍵態度。

從香港跨足中國大陸經營，看似來到了一塊遠遠大於香港腹地的水草豐美之處，很多人理所當然地和我說：「如果十三億中國人，每人喝一杯珍珠奶茶，那就是做不完的生意了。」的確，將業務乘以十三億，是每個在中國經商的企業，無論外來或是當地業者的美麗夢想。但夢想雖美，現實與夢想的落差卻經常是巨大的，姑不論是否每個人都有消費能力與意願，純就市場的競爭而言，越大的市場，遭遇的競爭力度越強。

做爲外來且新穎的口味商品，開疆是否得以拓土，猶在未定之天。必須考慮的是，一個市場的先天排他性以及當地業者的強力挑戰，都是外來事業能否站穩腳跟的挑戰。尤其是，面對向來野心勃勃、企圖心強烈，有「狼性」稱謂的中國大陸業者，心態與定位的拿捏，我認爲是進入此地市場最重要的準備。

狼來了？台灣也曾經是狼

跨足中國前後，我特別關切的面向是：外來企業競爭力的問題。做爲一家非大陸本地的企業，進軍之後會面臨什麼樣的挑戰？會否遭遇水土不服的問題？於是我很留意外企（包括台商）在中國的經營狀況，做爲我的取法觀摩對象。

先就台商與台灣一般對中國競爭者的印象談起，這是面對中國時很關鍵的心理認知。

長年在中國經商，親歷了中國的蛻變與崛起，強力復甦崛起的中國無疑伴隨著自信的提升，台商角色與認知也必然隨之有了更變。在我不算短的二十年左右的中國經驗裡，我認爲有三個拐點的市場變化：

第一個拐點是西元兩千年前後。最大的差別是，之前台商還有犯錯的權利，因爲市場優勢仍然相對明顯，但之後，台商的競爭環境明顯加劇，已經很難容許自己有任何經營的閃失，因爲一個失誤可能就此出局。

第二個拐點是世博前後。伴隨著奧運以及上海世博的舉辦，中國的自信心與成就感提升，眼光與格局在在都是向世界級看齊，且多半以世界第一的目標自期；再也不是過去的跟隨者角色，而是多努力做到領導者的先驅地位。

第三個拐點就是今天。陸企拔地崛起，台商競爭空前艱鉅，在此經商的生意人面對著人事成本高、房租高、環保成本高、物價成本高的四高局面，迎接的就是利潤低的「四高一低」競爭現實。這段開始若不思變革升級，就會淪爲微利，甚至無利時代。

從表象上觀察也可感知，當累積了三十年改革開放的驚人成就，衆所皆知中國已經從世界工廠轉型爲世界市場，並一躍成爲世界第二大經濟體，意味著消費力的巨大堅強，從而主宰了全球經濟復甦與諸多產業績效的力道，「買翻全世界」、「觀光大軍橫掃世界精品」的國際報導，都成了我們耳熟能詳，甚至瞠目結舌的當代經濟風貌。要言之，彷若滾雪球般越滾越大的驚人競爭力，如中國企業；以及越滾越大的驚人消費力，如黃金大媽的故事，都告訴我們：中國不一樣了。做爲同文同種的台灣商人，面對昔日遠不如己的中國同胞，再對比台灣近年的經濟窘境，常令很多人不免興起挫折浩嘆。久而久之，連自己的自信心都開始萎縮，甚至開始躲避事實。

近年出現將兩岸以狼與羊做對比的說法，其背後正是這樣的心理成因。

當中國大陸的經濟崛起，尤其是展現勢在必得、以成功爲絕對導向的鐵血，或說嗜血的戰鬥特質，透過世界傳媒的報導，成爲中國企業經營攻取市場的鮮明特質。媒體將這樣的企業鬥性稱爲「狼性」。狼性，一般也用來泛指所有發狠積極作爲、企盼成功的人民身上。中國的民族與企業屬性，被稱爲「狼性」，當狼來了，羊群是否就得趨吉避凶、提早迴避，以免慘遭吞噬？對照台灣近年的景氣低迷、經濟極悶，這種此消彼漲的氣勢，是否意味台灣像是待宰的羔羊，在商業的競爭力上已經居於絕對劣勢？

先想，什麼是狼性呢？如果不從負面解讀，而從正面的理解，狼性可以是指快狠準的特質，噬血、虎視眈眈鎖定目標，見機撲上、緊咬不放，最終完成獵食任務。從狼的角度代表的是堅定、使命必達的驚人執行力。尤其是狼隻除了本身的「單兵作戰能力」強大外，當狼隻集結成狼群時，更形成了非常可觀的戰鬥力量。看到目標就圈點打圍，以各種狼群戰術一波波地進攻獵物，換言之，以狼性形容戰力，既有單兵能力，也有組織作戰的策略，確實是非常強悍凶猛的代名詞。

台灣與大陸相鄰，不諱言從商業本質來說，既合作也競爭。面對「狼性」的鄰居，台灣人經常出現相對的疑懼。認爲風水輪流轉，大陸的崛起，宛如台灣早年努力拚鬥、非成功不可的特性，已經使得台灣明顯在商業競爭上趨於劣勢，以兩岸各項資源的巨幅落差，更恐怕彼此優劣已再難翻轉。這是我在兩岸接觸許多台灣人以及商場朋友、甚至是媒體朋友普遍的心態與認知。

狼來了，或許。但重點是，台灣該如何自我定位？這是我一直頗感有趣的思考問題。

有一回我應上海一個台商組織「1881」邀約演講，特別就談到這一話題。我們先做一個反想，狼與羊是相對的強弱概念，那麼當中國的企業尚未蛻變成凶狼之前，仍是猶待開發的弱勢經濟體時，當時的狼是誰？是早年經濟力勝出的台灣、是先進國家的歐美，或是技術進步的日本？答案都是。很多台灣人忘了一個事實，那就是：若從強弱關係來看，台灣也曾經是「狼」，也曾經狼行天下，逐鹿中國大陸，獲得豐碩的成果。但時移勢易，不論台商，或是先進國家的企業登陸，儘管當時狼群環伺，圍獵「中國羊」，但中國依然崛起了，幾年間，羊成爲了狼，長大茁壯了，且開始絕地大反攻，屹立世界，逐漸在各領域稱雄了。

我在大陸經商許久的時間，堪稱完全目睹了中國驚人崛起的事實。面對事實該如何自處呢？我的感想是：別怕做羊，就怕不知道有狼，就怕不知道羊隻也能茁壯成狼。從心態上、從觀念上，無論台灣也好，或是有意經商的正待發展的任何企業與個人也好，都得不斷尋求自身基因的變強、商業技能的突破，以及對世界局勢商場變遷的轉變有進階版的清楚認知。實際上，中國企業本身也是狼隻互鬥，競爭是不分本地或外來對手的。

羊並不可恥，也不需自憐，重點是羊除了加速長大、增強抵抗力以外，更關鍵的是：在長大前，要知道如何面對狼？

事實上，有狼群環伺虎視眈眈並非壞事。在台灣，每個屆滿二十歲的男性都須服兵役。我出身軍旅，有一個觀念根深柢固，那就是即若承平時期，也要常保憂患意識。太平安逸的日子經常暗藏危機。一則古老的寓言啟示就是：

一個靠捕魚維生的村落，他們捕撈的魚類中，其中一種是鰻魚。鰻魚生存力可能不強，因爲每當漁民們長時間的出海回航後，鰻魚常常就死了，而死魚不新鮮，就無法賣出好價格，甚至有滯銷的可能。但困擾漁民的這個問題始終無解。

但漁民中卻有一個人，他的船與捕撈設備和其他漁民並沒有不同，怪的是，他捕獲的鰻魚直到上了岸還是活蹦亂跳，這位漁民也因此致富了。

經過眾人的打探，才知道他的致富祕訣。原來，他並沒有什麼玄妙的高科技器具協助，而只是在裝著鰻魚的艙裡，放進幾尾鯰魚。鯰魚凶性大過鰻魚，隨時可以將鰻魚當作飽餐一頓的祭品，鰻魚發現艙裡竟然來了威脅生命的大敵，於是警覺了起來，不得不奮力游動以避開敵人，甚至開始反擊起鯰魚。就這樣，原本離開生長水域、好像知道大限將至而奄奄一息的鰻魚，從此充滿了動力與生命力。

眼前出現敵人，有時候反而不是壞處，因爲自己的生存本能往往受此激發而產生了鬥志，也因此讓自己活得更有生命力。羊群知道有狼，在險峻的環境「與狼共舞」，警覺性就會提高，活力一定相對增強，這對牠們的成長也有好處。

羊隻與狼在相同時空共處就該保持這樣的心態，但面對有羊群虎視的企業領導人又該抱持什麼觀念，好訓練羊隻盡快地成長茁壯呢？

答案是什麼？我常想著這個問題。

台灣人向來溫和、熱情、禮貌十足（所以常把「不好意思」掛嘴邊），中國知名青年作家韓寒就稱許過台灣的友善，一些中國媒體也說過：台灣最美的風景是「人」。

這樣看來，台灣確實像是溫馴的羊。羊碰到狼，豈不是危險極了？長期在兩岸往來與觀察，很多台灣人確實陷入了害怕中國崛起的勢力，擔心「狼子野心」會將台灣產業逼到死角。但只能這麼看待情勢嗎？還是心態上未戰已先敗？

牧羊人領導——獅子軍團

經商，如果是種哲學與心態角色的定位，那麼企業人士應該試著確立一種角色扮演。一旦角色確立後，從而有了追求仿效的典範，心裡就踏實許多了。而面對「狼傳說」，台灣企業家，或說面對強勁對手的弱勢經營者，該取法什麼角色典範？

再就台灣來說，台灣的強項是服務業，服務業涉及到熱情的態度、禮貌的分寸，以及願意服務他人的謙卑熱情、助人心態。台灣舉世稱頌的民族性恰好符合了這一訴求。

就像是討喜溫馴的羊隻一般，有著正面的特質，但疑慮就是：小綿羊如果碰到大野狼，怎麼辦？

狼若是羊的天敵，那麼狼的天敵又是誰呢？很清楚，答案就是牧羊人。而「牧羊人領導」，也是我一直視爲自己企業經營的圖像典範。

是的，企業各級領導人就是牧羊人，你必須要照顧好替你工作的可愛羊群，一旦野狼來了，牧羊人手中的趕羊棍就得變成驅狼棒了。

羊怕狼，但大批羊群可以不必怕狼，因爲他們身邊有個拿著棍棒的牧羊人。人比羊聰明，可以鬥智，而不是與狼鬥力。如果，各級的企業領導幹部，都是統領或多或少羊群的牧羊人，那麼牧羊人的職責就是顧好替你生產與工作的羊隻，同時注視著外面的野狼風險，好讓羊群安心工作與長大。

這時候，即若你統馭的是一群綿羊，或是惹人憐愛的喜羊羊，也能成爲是企業競爭的利基。有一句很有名的話是：一隻羊領導一群獅子，獅群就會像羊一樣的弱勢；反之，若一隻獅子領導一群羊隻，那麼羊群就會宛如獅子般地強大，那就是一個「獅子軍團」了。意思就是：**領導人的素質才是決定組織戰力的首要因素。**

有個知名的歷史典故正可呼應上述的說法。劉邦問韓信說：「你看我能統領多少兵馬？」韓信說：「恐怕不能超過十萬！」劉邦反問韓信：「那你又能帶多少兵？」韓信回說：「多多益善！」劉邦聽到此一回答，不覺笑了出來，問說：「那你怎麼在我麾下呢？」韓信認眞地回說：「儘管你統御士兵方面的能力有限，但卻能統御將領，所以我才會成爲陛下所用！」這是我在演講時候經常舉的歷史故事，它說明分層領導的重要。

就彷彿牧羊學一般，常閱讀經濟類文章不時會出現「羊群效應」一詞，所謂羊群效應是指一種盲從的跟風行爲。據悉，羊群是屬於散亂無序的動物組織，平時在一起容易互相推擠碰撞，但倘若有一隻羊率先動了起來，其他羊群也會一哄而上跟著瞎起鬨，儘管身旁不遠處有豐美的水草。但事情是一體兩面，倘若這隻動起來的領頭羊做的是件正面的事情，諸如在水草邊努力地進食享用，其他羊群也會模仿這個領頭羊的舉動好好跟進，所有的羊群就能吸收養分，早日茁壯了。

牧羊學，是講究將散漫的組織予以秩序化，並訓練出優秀的領頭羊，那麼羊群就能有師法的對象。企業組織不正是如此嗎？每一層級的督導與管理者都是一隻領頭羊，都必須建立好自身的言行舉止方向，俾使羊群跟從與效法。如此才能分層負責，健全組織。

當然，領頭羊可以從內部遴選，也可以向外求才。求才，是企業領導人的必備條件，也就是必須懂得禮賢下士、延攬一流人才。我的企業生涯裡，就是經常打探有無更好的餐飲界管理人才，即若是在我財力最不濟、企業遇到難關瓶頸的時候，我依然尋找了國際級飲料大公司的管理人才。業界的朋友都很不解，一個不算站穩市場利基的小小泡沫紅茶企業，怎麼會「奢望」從世界級的大廠找人才呢？

人才為中興之本，我深信不疑。儘管給予的延攬條件占了極大的收益比例，但我深知這是非踏出不可的一步，在我以下的管理階層，也是依循同樣的道理。我從事的連鎖餐飲業，也是服務業，當把連鎖餐飲擴大的時候，需要成千上百上萬的地區與業務幹部，他們每個人都是牧羊人。他們管好自己的羊群，而我的天職就是要照顧好每位牧羊人。

我喜歡閱讀書籍，讓我引用以《一分鐘經理人》著作享譽國際的肯．布蘭查（Ken Blanchard）說過的話：**有太多領導者的行徑，彷彿是員工像羊群般地為牧羊人貢獻，而不像是牧羊人負起好好照顧羊群的責任。**

如果以宗教的說法比喻，牧羊人的責任就是看顧羊群，無論是羊隻吃草或是喝水，乃至閒逛走坡，牧羊人都得在鞭子的協助下，顧好每一隻的行徑與生長狀況，避免成了迷途羊隻，或是失去了妥善照顧。但很多企業領導人沒有責任感，忘了待人如牧羊的職責，反而是高高在上的心態，讓員工來爲自己服務。企業主其實扮演的就是牧羊人，或者說是僕人，以謙卑低下的服務心態，才會管好羊群，成爲自己最豐美的資產。僕人或是主人的一念之別，就決定了員工的向心力與企業成績了。

牧羊人對內，要照顧好羊群；對外，則要知道何處的水草豐美、何處可能有狼群出沒、何時可能有大雪將至？換言之，必須要審時度勢，判斷趨勢，才能趨吉避凶，給羊隻成長的安全環境。

別怕狼要來，每個企業經營者都要檢視自己，是否是個稱職的牧羊人？尤其是當我將目標放在更廣大的中國市場時，面對素有「狼性企圖心」形容的中國企業領導者，以及更激烈的市場競爭，我必須要求自己抱持牧羊人的心態與準備，好迎接可能的威脅與挑戰。

進軍中國第一堂課：謙卑

是的，中國很大，但最重要的一個觀念應該是：中國是一個國家，而不是一個市場。這是我這些年走訪中國大江南北的認知。

原因就是中國地大物博，且一方水土養一方人，純就口味偏好來說，就有所謂的「東酸」、「西辣」、「南甜」、「北鹹」之說。再就中國精緻的烹飪文化，也有所謂的八道菜系，諸如：魯菜、川菜、粵菜、淮揚菜、閩菜、浙菜、湘菜，以及徽菜等。日後還有人加上京菜和鄂菜，即合成十大菜系。口味差異，風俗各異，加上有些地方生存條件艱辛，宛如窮山惡水，更加劇了中國市場的分衆化現象，以及眞要將經營遍及中國各地顯得有多麼的不易。有人說：「中國是一個沒有人能夠順利畢業的大學。」即因這裡的文化底蘊與歷史淵源眞是既深且厚，任何人在此經商只能謙卑與不斷學習，才能摸著石頭過河了。

央視於二〇一二年製播的《舌尖上的中國》，是一部大型美食類的電視紀錄片。節目主要介紹中國各地的美食生態，包括了中國百姓的日常飲食流變、各具風格的飲食習慣，甚至是獨特的色香味感官差別等，再佐以因應的東方生活價值觀。該片一經播出，在網路引起了廣泛的關注，並成了熱議探討的主題。

其實若有機會走訪中國各地，就可以發現眞是一方水土養一方人，民情與習慣千差萬別，飲食內容就是鮮明的例子。比如，山東將驢皮入中藥材，又如安徽菜有「鹽」重好「色」，輕度「腐敗」的形容。原因係安徽菜重油鹽醬料，故在色澤上以深色爲多，所以好「色」。而鹹肉鹹鴨鹹雞，甚至是臭鱖魚等醃製品，成菜前須經過「腐敗」程序，但之後卻腐而不敗，成就了特殊香味，故有輕度「腐敗」之說。腐敗食材可以入味也是一大特色。說起來，五千年的口味薰陶，甚至是「食」破天驚的飲食內容，在在證明了中國人的飲食涵度之廣，味蕾歷經歷史演化，可以說人人都是老饕等級的嘴挑舌尖，甚至可戲謔地形容是「嘴刁」了。但也由此證明飲食在中國的博大精深，只要做得好，就有「中華食譜」上的一席之地。如何抱持著學習與融入的謙卑心態，透徹理解庶民的口味接受程度，其實是最關鍵的從業態度，一旦忽略了理解市場、融入當地的入境隨俗態度，就容易陷入失敗的危機了。

不僅是餐飲行業如此，即若巨型的國際企業，也同樣要特別留意謙卑面對市場的課題。嚴格而論，相較來中國經商的外來企業，類似我經營的茶飲企業規模是非常微不足道的，多數來中國的台商規模也僅屬中小企業，世界級的台商相對較罕見，因此觀察西方頂尖企業進入中國後的經營狀況，這就具有更大的參考價值了。

我觀察到，許多研究近十餘年商戰歷史的文章，多會提到一個現象。我稱之為「強龍」與「地頭蛇」的對抗。強龍代表來自中國以外地區的大型強勢企業，地頭蛇自然就是指中國的本土同業。

舉例來說，全球最成功的拍賣網站ebay（電子海灣）、搜尋龍頭Google（谷歌），甚至是之前的社群網站Facebook（臉書）等西方產業巨擘，以及入口網站雅虎，除了多能在美國榮登一哥的產業地位，在其他國家與地區也幾乎所向披靡。挾著西方資本社會孕生的龐大資金，加上創業與軟體功能，幾乎席捲全球，攻無不克。這些巨擘當然不會輕忽經濟崛起的中國市場，只是，當這些巨擘滿懷信心想插旗中國之時，卻遭遇少見的重挫，幾乎完全不敵中國本土的業者，如淘寶網、百度等中國公司。另一明顯的例子就是，世界品牌價值掄元的可口可樂也遭遇娃哈哈可樂的強力挑戰。這些中國市場土洋大戰的現象，甚且讓《富比士》雜誌關注並且探討。

產業界與商學院在探討這強龍難壓地頭蛇現象時，多會提到的是官方政策的扶植與保護。或許，當本土產業仍如新生幼兒，猶待成長茁壯時，不少政府都會有保護與扶持的措施。但從另外的角度來說，確實有些中國業者採取了得宜的戰略，憑恃著比西方企業更理解本土市場的利基，從而抵禦了外強，並在競爭中讓自己開始茁壯。

我觀察到的一項重要戰略就是：農村與城市的分庭抗禮。

西方企業有著豐厚的銀彈，他們相信大舉的廣告支出與行銷，就是建立品牌知名度，繼而產生品牌信賴度與忠誠度的「殺手武器」。於是在此思維下，這些巨擘進軍中國無不投以巨額天文般的廣告預算，以鋪天蓋地的媒體占領，企圖以最快速度在消費者的心中完成「心占率」（mind share），進而達成高「市占率」（market share）。爲了吸引最多的眼球關注，於是鎖定中國各一級城市，以及媒體黃金時段大打廣告。

有效嗎？有。畢竟城市消費力強，且媒體行銷造成的品牌辨識度，確實可以讓企業被快速認識。但問題是：中國太大了。整個中國的地圖在他們的腦海中只有「點」，頂多是連點成「線」的概念，卻完全疏忽了最廣大的「面」——也就是幅員更大的鄉村。

中國除了城市人口之外，更多的是農村的廣大居民，加上近年來中國城市化的趨向明顯，消費力道明顯上揚。顯而易見的是，中小城市、乃至鄉鎮地方的中產與富裕家庭增加快速；且以早些年來說，農村人口依然大於城市人口，前幾年有個統計說，中國有三分之二的人口，約有八億人住在鄉下。儘管近年農村人口大量擁入城市謀生，城市化的趨勢明顯之下，但根據中國國家統計局的資料，中國大陸的農村人口仍高占五六％。換句話說，城鄉人口比是處於四．五比五．五左右。這一比例支撐了前文的申論，中國企業立足在五．五的市場，而外商奠基的是四．五的地盤。當然，隨著這幾年中國政策的影響，城鄉人口已經漸漸拉平。

以幾年前我閱讀的書提到，「中國有六百六十多個城市，但在十三億人口裡面，僅有七千一百萬人住在前四大都會區。中國各地的市場差異很大，富裕的沿海城市廈門，名目GDP在六千美元以上，是中國西部西寧市的六倍。中型城市如哈爾濱與青島，人口規模相當於瑞士。」中國一個次級區域市場的人海，幾乎就等同是一個國家的市場規模。經營得宜，就絕對能提供企業成長的養分。今天，世界級的公司也在向小城市以及村莊找尋商機，當去印度、印尼，或是其他開發中市場時，就顯而易見地出現了許多國際大廠的插旗經營。顯然，這個趨向現在歐美的一流業者也關注到了，所以二、三級城市如今反成了兵家必爭之地。

只是，早年的一流企業許多並沒有這樣的認知，而能以次級市場爲主要利基的靈活業者，得以避開一級城市的正面衝突戰爭，躲匿進農村的大陸業者，就找到了另外滋養的養分，開始培育了自身的實力。

例如，當電子海灣拍賣網站插旗中國時，阿里巴巴創辦人馬雲先生即發現許多中國的大型入口網站，已經被電子海灣給綁約了。是的，絲毫不意外，綁約的內容會如專屬合作，也就是其他拍賣同業很難再進軍這些大型的入口網站。大的入口網站就如同最熱鬧的門市，是網路人潮最洶湧的地方，但一旦被競爭對手給壟斷，就宛如似禁業條款，想在同樣的熱鬧舞台競爭已屬不可能了。而聰明的馬雲先生，彷彿找到了網路上的「農村鄉鎮」，也就是既然熱門網站入口已被強龍先行占領，那我就從其他一些相關網站、論壇和個人網站予以連結合作。只要沒有對手的網域，一切沒有和「易趣」（被電子海灣收購的中國網路業者）簽訂協定的地方，就是淘寶的勢力培育地。

後來此舉果然奏效，電子海灣在中國市場只能瞠乎其後了。馬雲就說過：「很多人一生輸就輸在對新生事物上。第一看不見；第二看不起；第三看不懂；第四來不及！」亦即等到開始關注到對手時，已經失去先機，開始落敗了。這是獨到深刻的詮釋，跨國公司對中國本土競爭對手的態度就應驗了這四種階段，此也印證了中國市場的複雜與征服的難度。

網路戰爭如此，實體世界更是鄉村包圍城市戰略的印證地，就如另一知名連鎖業者德克士亦是如此。速食店是中國快速崛起、民眾生活步調加快時，必然會擁有龐大機會的餐飲類型。

速食店的世界龍頭麥當勞，當然不會忽略中國這塊最大的成長市場。麥當勞當年進軍中國就是從一級城市起步，隨著品牌知名度漸趨打開之後，再開始往二、三級城市拓跡。麥當勞在中國的展店成績就不如在其他世界各地，除了店家數目不及肯德基之外，連德克士炸雞店都形成了快速的展店競爭能力。當麥當勞的戰略是從一級城市開始時，德克士則是從三級城市起家，然後再逐步往一級城市進軍。

德克士的策略就是鄉村包圍城市，當然，相較來說，從三級城市起步，其經營的重點就是鞏固鄉村地區的市占率，並需增加品牌國際知名度。相較先進城市而言，在二、三級城市的經營由於幅員較大，且交通上稍遜於一級城市，因此，在整體的物流配送以及管理上，就必須要多付出努力。

眞要做到從鄉村包圍城市，從二、三級都會起家，不能僅是紙上談兵的戰略作爲，更要付出無比勞力的身體力行，方能奏效。德克士能夠崛起並展店迅速，且從三級城市陸續回攻一、二級城市，絕對是難能可貴的成績。

可能企業人士有一個疑問是：次級都會與一級城市的人口市場或許可以抗衡，但是早些年的中國，城鄉差距明顯，基礎設施也十分懸殊，光就物流來說，偏遠地方的送貨問題就是一大挑戰。如果根基於鄉村發展，如何因應克服運送的物流問題呢？

是的，這是不小的問題，但眞正深入中國，才知道經商的難處與學問。早年的物流甚至有些地方必須整合進腳踏車、板車的簡易交通工具的運送，當我到蜿蜒著黃河流經的省分遊歷時，還看到了利用羊皮筏（將整張羊皮人工吹氣膨脹後，綁在竹木上的一種渡河交通工具）運貨的場景、甚至有些險峻地形需仰賴人力背送物資，這就是非當地人很難企及的「運輸力」，也正是這「最後一哩」（last mile）的艱難，才使得這些中國當地的物流業者在考驗中從而磨練出非凡的競爭能力。

尤其，我後來才赫然發現的事實是：我們以為在城市賣場或是百貨商店的通路，主宰了高比率的市占率，錯了。我在許多的連鎖店考察行程中，經常發現想像不到、卻四處林立的街頭小攤，或是極不起眼的書報亭、雜貨店，才是銷售的重鎮。我驚覺，原來真正的銷售通路是這些如星火密集的小店與小攤，這就是早年，甚至是今天猶存的生存力與經濟力。

爾後我在一份資料中得到了印證：「東南沿海的寧波市，六千家獨立的街角商店囊括了九成的啤酒銷量。當地有家啤酒商KK牌啤酒，其物流系統能夠迅速把一箱箱啤酒送到這些銷售點，也因此掌握了九成的市場。」這段話清楚說明：鄉村包圍城市為何具有成功的可能性。

我每次回到台灣都一定會造訪台中，在台北住久的人一來到台中，都會發現這裡的路特別大，同樣地，餐廳也特別大而且別具風味。就因為台中有非常多具備特色的商店，例如咖啡館的設計就琳琅滿目，因此總能給我某些店面改裝時的啟發靈感。有一回我在媒體讀到發生在台中的一個小故事，與上文恰好呼應了消費習慣有多麼的重要，重要得連現代感都無法比擬。

台中一家老攤子沒有店面，晚上就在路燈下擺著餐桌，客人就吃了起來，而且已經五十年半世紀。老滷汁滷出來的滷味，是客人的最愛，晚來就沒有了，攤子生意不錯，怎麼沒有搬到店面呢？老闆娘說，奇怪的是，搬入店裡生意減半，趕快又回復路邊攤模式。

台中的這則新聞也等於是我在中國的觀察，許多鄉鎮地方太多極具特色的店家，他們沒有富麗堂皇的擺設，但是一樣門庭若市，更是當地人生活的一部分了。這些在地的力量，就是許多外來企業往往無法涉及的層面，也使得植基於鄉村的戰略有了可觀的戰果。

如果說，這些商業戰役有什麼教訓留下，我會說：謙卑面對中國市場，是跨足經營的第一課，即便是世界級大企業。

中國吧台爭霸戰：競爭多非來自同業

仙踪林的品牌定位之準確曾讓我爲之驚訝，伯超曾對我說過，他們主要是針對十八至三十歲的客群爲服務對象，以女姓、白領及學生爲主，主要群體顧客就是二十二歲的女性。我當時也將信將疑，但當我去他的店面考察時，還是讓我不得不嘆服，準確的定位被普遍認同，排隊購買飲品看上去就是二十二歲的女孩子。這是企業長期經營積累的結果，也是企業發展的巨大財富。

同樣是中國人民大學于顯洋教授，在一篇文章提到對我企業的觀察。定位是投入市場競爭時的重要設定，每家企業都有大小，對戰的敵手各有不同，選錯對手，就是選錯戰場，很容易變成打迷糊仗，甚至可能連怎麼落敗都不自知。

「誰贏得了中國第一，誰就有機會登上世界第一」，這是近年來流行的觀念。不論自己的企業規模大小，既然投入龐大的中國市場競逐，就必須尋找自己的定位，我的觀念是自期向世界級企業看齊，甚至當成惕厲自己成長的假想敵。經營市場有一個觀念是重要的，那就是必須界定競爭者是誰？因爲界定了競爭者之後，找到了自己的定位，所有因應而生的策略與作法都會大不相同了。我來到中國後，就彰顯了這個經商的重要命題。有一個故事是：

李奇．卡爾高（Rich Karlgaard）是《富比士》（*Forbes*）雜誌的發行人。他說過一段故事。有一回他和比爾．蓋茲（Bill Gates）兩人同乘飛機。航行中，卡爾高問了蓋茲說，「你最擔心的競爭對手是誰？」蓋茲的回答讓卡爾高很驚訝，因爲這位科技業巨擘說的是「高盛」（Goldman Sachs）。

恢復鎮靜的卡爾高打趣問蓋茲說：「這是獨家新聞嗎？難道你要跨足金融業？」

「喔，不是，」蓋茲說，「我的意思是指人才（talent）競爭。軟體業是與智力（IQ）攸關的事業。微軟必須要贏得『智力』的爭奪戰。我並不擔心蓮花公司（Lotus），或是IBM。因爲聰明的優秀人才，寧可爲微軟效力。」而回答高盛這類的投資銀行，是因爲蓋茲認爲，眞正爭奪人才的對手，會是像高盛或是摩根史坦利（Morgan Stanley）這樣頂尖的金融業者。

故事的道理很清楚，蓋茲想的是，競爭的對象通常不是來自同業，而是爭搶關鍵資源的優勢業者。我初入中國市場時，也有類似的感受。

當我跨足中國市場之後，除了店址的選擇外，另一個思考的重點是飲料的定價。一般來說，商場有兩種定價策略，一是盡量抬高價格，好顯示產品的卓越與檔次，像是精品類商品就是採取這樣的策略；另外一種則是相反的盡量壓低價格，以低價策略，找到傾銷的價格甜蜜點，好讓顧客覺得物超所值。來到中國市場後，也發現了一些賣奶茶的小鋪，當然內容和泡沫紅茶不同，不過也是奶茶的品項。後來路上也有一些小販推著餐車賣起了奶茶，甚至也開始有了珍珠奶茶。路邊攤的價格有一杯三元到五元人民幣不等的價碼。簡單說，倘若從競爭角度，我的珍珠奶茶要定價多少呢？誠然，我有店面，定價自然相對高些，畢竟店面消費和路邊購物有成本上的差異。然而，我能定得多高呢？如果我將這些小鋪或是攤販的競爭列入思考，顯然訂價就有其限制了。

而我一開始就決定將飲料均價約略定在十幾元人民幣左右。十年前這個價格若換算台幣，可能一杯珍珠奶茶就相當於是五、六十元台幣，的確，高過台灣多數的同款飲料。外人聽到這樣的定價策略多以爲，我是將上海的高物價列入考慮，且要顯現台式飲料的身價。其實不是如此。

延續我在台灣看見泡沫紅茶店興起之後，與麥當勞的競爭思考：表面上，兩者各賣各的商品互不相干，但是，兩者其實依然處在競爭的位置，只是競爭的並非商品，而是爭奪空間──「休閒聚會據點」。

如果我們將一個市場比喻成是一個大的房宅，那麼，不同產業競爭的就是這所大宅裡不同的空間與功能。有些產業競爭的是客廳的擺設與娛樂功能，例如電視產業；而有的行業則是競爭廚房的空間，像是洗衣機，競爭的是家庭所需的清潔功能；那麼飲料業界呢？很顯然就是競爭吧台的位置，因為那是一處讓人回家後，可以放鬆心情小酌或小飲一番的場地。換言之，我們也可形容每種產業進行的其實都是「功能服務」的競爭，而餐飲界競爭的功能性之一，就是「休閒」。

在中國的餐飲店其實就是中國大宅的吧台角色。而中國餐飲店的角逐對手，顯然除了當地的業者以外，就是外來的企業商家，包括了星巴克、麥當勞；肯德基等知名連鎖企業。我既然是經營連鎖企業，與我競爭「中國吧台」空間的對手就不只是路邊攤或是小鋪，而是這些國際知名的強龍。或許有些人質疑這種比較法，認為各有各的商品與市場，怎麼會有衝突呢？一個明顯的證明是，當台灣的麥當勞將早餐的套餐優惠價從四十九元降低到三十九元，幾乎是傳統早餐店的價格時，明擺著就是爭奪台灣龐大的早餐外食市場，自然地，本地的傳統早餐業者必須要面對舶來品牌麥當勞的強勢競爭了。

認清了事實後，就要以事實做依據，尤其是當時星巴克的大受歡迎，顯然會是很主要的對手。而我始終堅信，種茶樹並不比種咖啡樹來得容易與輕鬆，茶飲沒理由廉價到遠不如舶來咖啡的程度，所以我定價的範圍是略低於咖啡的售價。

尤其，當前世界對中國的說法是：已經從過去的世界工廠，轉爲世界市場。原因是，過去的中國製造輸出全球，因此有「世界工廠」之稱，但隨著中國人民生活富裕，經濟力大幅躍升，消費力道驚人，甚至成爲世界奢侈品的重要消費市場，中國的觀光客也被全球視爲宛若上門的財神爺，因此內需的強勁而有了「世界市場」的轉變。但就飲料界來說，中國早就是世界市場了，就像是中國的娃哈哈集團推出的飲料也一樣非常熱銷。路邊的五元奶茶有它的消費族群，但如果價格不低的星巴克的咖啡店也能門庭若市，那麼泡沫紅茶店也就有相同的潛力；與星巴克同將店面開設在熱鬧淮海路的仙踪林爾後證明，這樣的定價是被市場接受的。

是的，當界定了假想的競爭對手，視野就完全不同，從而採行的策略也就隨之改變了。而我的心得就是：**如果你能將競爭對手的目光，由同業移向異業，企業格局就會全然不同**。而要做到精準判斷，可以從上述提到的家庭功能性思考起。

「前店後廠」的港中啟示錄

我的經商中國經驗，有不少是與香港經驗延續的。

香港經營時期流行著一個名詞，稱為「前店後廠」。這是產業分析者將當時香港與中國（尤其是隔鄰的廣東省），在合作關係上的解讀分析。指的是，許多香港企業將公司或店家設在香港當地，但是該公司與企業的生產製造則是放在中國大陸，尤其是廣東。等於香港是該企業的對外營業門面，但店內商品的來源製造則是後端的中國生產，就像香港是上菜的飯廳，而大陸則是負責煮菜的廚房，這是當時的分工景況。

泡沫紅茶產業並不歸屬於製造業，實務上前店後廠的理論與我的事業無關。但既然從商了，我也會思考其他業別的趨勢，有無與自己相關或觀摩仿效之處？我仍在香港時想著，泡沫紅茶業的後廠是什麼？它應該屬於製造的部分，但泡沫紅茶業的製造眼下並不需要龐大的工廠，對我來說，如果不需要後端製造的工廠，那後廠還能是什麼？經過反覆思考詮釋後，後廠隱含的一個意涵是：人力。當時中國的工資低廉，如果同樣的製造業務放在香港生產，所聘雇的員工薪資會遠遠高過當年的中國大陸。從成本考量以及香港的腹地狹小、工廠尋地不易，當然就經濟效益上就會出現前店後廠模式了。

排除工廠設立的考量，中國龐大豐沛的人力資源是前店後廠成形的關鍵。人力的應用是企業發展的關鍵要素，如何善用人力與人才，就是我爾後跨足中國市場的課題。無論是香港企業的前店後廠，或是台灣企業跨海中國經商，就人力的因素考量上，低成本與人力的豐沛都是跨足的原因。但在實務上，通常的作法是：將自家企業的管理階層從港台移居中國，形成高層是港台人士，中層與基層則是大陸當地勞工的模式。

從經營經驗的傳承上，這樣的安排有其道理，因為在營運的流程上必須要有經驗的傳遞與妥善的管理，等到當地人士能夠接手中高層業務，是需要時間的。但是，我們同樣從很多案例上看到，有時候這些高層人士與當地員工的溝通不良，或是公司支付出龐大的薪資給願意離家來中國工作的幹部，但公司後來經營不善、倒閉關廠，這些台商台幹，開始變成失業的台流，甚至成了台勞，香港企業也有同樣狀況。

我當時在想，自己的事業一旦跨足中國，就沿用在香港的作法。當初來到香港，只帶了少數幾位核心幹部以及妻子協助，我希望在新的市場打造當地的團隊，並且側重地方融入。爾後的幾十家連鎖店員工與幹部，都是聘雇當地人士訓練而成。我並不是服膺以夷制夷的中國古訓，而是我相信，要融入當地就要聘雇當地人士。

這個想法在中國經商時就徹底實行，所以有別於多數外來企業常見的班底團隊作法，除了一、兩位對中國熟悉的顧問幫助我理解中國市場外，爾後所有中國門市的員工與幹部，都是在當地聘雇。當然初期在管理上會有很多新手的溝通問題產生，但也由於這些當地幹部與員工對地方的熟門熟路，幫助我掌握新業務，減少了很多我對市場的摸索時間。

寥寥數人投入的興業作法，看似勢單力孤，但這是眞正融入當地並且直接建立與員工對話的最好經營模式。它不必透過自己班底的中高層主管，一方面減少溝通之誤；二方面避免形成意識高低層的內外對抗。同時，還可以將更多的就業與訓練機會留給當地人士，也讓他們不會有矮人一截、屈居人下且升遷不易的錯覺。

特別要提出的是，多數人認爲中國的人治色彩高過法治色彩。在一個被認爲「沒關係就有關係，有關係就沒關係」的講究走後門的社會經商，充滿了太多的不確定性，許多台商也不時出現一些受騙經驗。但眞正深入經營，其實可以發現，中國法律訂定極爲嚴格，許多領域都訂有專門的法規予以規範，如果恪遵規定正派經營，仍可以擁有一個創業的好環境。

就像《勞動合同法》在二〇〇八年出爐之後，引起了所有企業的關心，企業多批評該法是一個過度保護勞方的法令，讓資方付出極大的人事成本。這其中涉及了終身雇用的問題、勞工離職的經濟補償金問題，還有就是社保基金提撥到位的壓力。這三者基本上都圍繞著勞工的年資的核心問題。簡單說，資方對於勞工必須要有相對應的保障提供與薪資提撥，因此使得資方的經營成本大增，有人估算，在大陸地區的每名員工之勞動成本將增加三成以上。因此，許多如前店後廠思維、低成本人力概念的企業紛紛大喊吃不消，認為經商環境日漸險峻，於是結束營業，或是將企業轉向更低成本的內陸省分或東南亞遷徙，時有所聞，形成了一波新的倒閉潮與遷廠潮。那時，很多朋友關心在此經商的我，會否受到衝擊與影響？

在中國經商，資方必須負擔的勞方成本，原本就包括了所謂的「五險一金」（養老保險、醫療保險、失業保險、工傷保險、生育保險及住房公積金等多項保障費用）。當然不諱言，人事成本上會有升高的趨勢，但勞工的薪資與生活保障，不僅是對企業經營時勞資和諧的基礎，也是一個社會穩定的基石。

當初來中國的時候，我就以高於市場水平的基本工資延聘員工，且因為沒有帶自己班底，不必支付自己班底離鄉背井常見的更高薪資，剛好可將更優渥的待遇用來延聘當地的管理幹部。因此，我反而沒受到太大的成本調漲衝擊。我慣常從另一角度看待問題，對一家企業來說，這些保護勞工的規範都是企業能否通過考驗的淬鍊，雖然法規蟄高了企業的經營成本，但相對地也替市場既有者建立了阻擋後進者的進入門檻，當從這個反面角度思考，這些保障勞工的舉措，無異也是保障了資方的市場生存權。

這段商業心得的總結是，別從剝削的角度理解「羊毛出在羊身上」這句話，而該從資產的珍惜角度理解起：**扮演好牧羊人角色，好好照顧替你工作的羊群，帶領他們遠離狼群，趨吉避凶，他們就會在共同的願景下和你一起努力事業，彼此成就**。

CHAPTER 3

從一個山頭到另個山頭

牧羊人的夢想，是逐豐美水草而居，將一個個山頭收納為自己放牧的據點，形成壯闊的（企業）景象，如同連鎖加盟制度的拓店一般——將門市從「點」連成「線」，再擴及成「面」。過程中如何遴選店址、山寨業者的惡質模仿、加盟店的偷工減料，甚至是異國展店，在在是需要學習的課程。

如果，牧羊人心裡存有一幅美好圖像的話，那可能是風光明媚時，將成千上萬的羊隻自由放牧在滿山遍野，然後逐豐美水草而居，一個山頭，一個山頭地順利放牧。當許多山頭都是自己放牧的據點時，那將是多麼豐沛的滋養供給，從而可以形成如何壯觀的動人景致。

連鎖加盟制度就一如尋找放牧的山頭，是讓企業得以豐沛滋養地尋地，尋地放牧順利，才能形成壯闊的企業景象。的確，連鎖加盟制度是當前企業壯大發展規模的重要模式。每家從事這項制度的企業所勾勒的美好圖像，就是將門市從「點」連成「線」，再擴及成「面」。

當然，每個山頭的水草、地形、氣候具有差異，因此機會與風險就有不同。或許，羊群渡河時會遇到河中的大鱷魚虎視眈眈，可能葬身鱷腹。但身爲牧羊人，可以領先羊隻先前往探測，避免貿然前往、突遇不測，而讓羊隻受損。尤其在中國大陸如此廣袤的地方推廣這樣的制度，固然是加大企業規模的理想方式之一，但商場風險確實經常意料不到。

產業觀察師告訴我的事

提到風險前，先說個產業觀察師朋友告訴我的小故事，故事說的就是親身體驗遠比想像重要。

日本的漫畫業者在進軍美國時，原先想的是日本的市場景況。日本人非常喜歡在電車上閱讀書報雜誌，因此剛進軍美國時，認爲平面的漫畫應該也可以如法炮製，在如同坐車等閒暇時候閱讀。但後來銷售並不理想。等到公司派員實際親訪美國後發現，原來美國不是屬於「電車文化」，因爲多數人都是開車，而且「開車文化」的美國人對於科技的接受度高。因此，日本漫畫業者改弦更張，採取手機下載圖片的方式，接觸美國市場，終於改善了業績。

這個案例故事清楚說明，親臨第一線的觀察有多麼重要。現實與想像存在的巨大落差，不透過實境的接觸，就很難有眞正的理解。

商場上多是將「體驗」加諸「行銷」領域，試圖從親臨實境、實際接觸商品與服務，來解讀影響行銷的效益。美國哥倫比亞大學行銷學者伯爾尼．施密特（Bernd H. Schmitt）於一九九九年提出所謂的「體驗行銷」（experimental marketing）這個概念。其定義就是，個別顧客經由觀察或事件的參與後，從而感受到刺激，進而誘引出動機並產生商品認同與購買行為。

換言之，體驗行銷是藉由一些媒介與手法，促使消費顧客感受到產品的魅力與需求，甚且發現自己與產品間可能有的共同經驗，從而產生對產品的共鳴。理論認為，多數消費者的體驗屬於被動誘發性，商家從貼近顧客的日常情境出發，就有可能藉由一些觸動人心的經驗與故事，來達到對商品共鳴的心理，進而達到推廣行銷的目的。

倘若消費者越能從感官、情感、思考、行動等不同層面受感受驅使，產品就越能達到行銷的目的。扼要地說，體驗行銷就是讓商品或是品牌，直接進駐消費者的心裡，以及日常生活裡。

從事餐飲業，尤其是泡沫紅茶茶飲，體驗行銷是這個行業的基本功，就像在台灣許多品牌的同業也經常會以迷你杯邀請路人試飲茶品，藉此推廣行銷。試喝是體驗行銷的一種常見手法，並不難，花些成本即可做到，難的是花錢買不到的經驗。商業教科書常說，企業領導人就是企業的超級行銷員；雖然職稱上是公司的負責人，統領一切事物，但沒有行銷就沒有業務，也就沒有公司，企業領導人就是公司的圖像，出席曝光越多，公司的媒體宣傳越有效。但對領導人來說，在一切的日常業務中，「親身體驗」這四個字，最該落實的並不是媒體曝光等搏版面出席機會，而是第一線的體察任何風險，唯有控管好風險，才能做好爾後的體驗行銷。

身先士卒去體驗合作的可能危險，就如我經營的茶飲行業，才能保護消費者不致喝到「山寨茶」，進而也才能保護自己企業的權益，這才能避免萬一犯了錯、結錯了親家後，以天大代價都可能挽不回的負面行銷之傷害。這是我在中國學到關於「親身體驗」非常寶貴的一課。

當「山頭放牧」遇見「山寨文化」

眾所皆知，餐飲業的原物料以及調配出的口味就是商業祕密，甚至是專利。就像可口可樂的配方一樣，除了是不菲的商業價值，更是企業的生存命脈，一旦遭到破壞與偽造，以「假」亂了眞，不僅原味盡失，且企業可能就此走向衰敗。

初到中國經商時，在幾個駐點業績穩定之際，有企業顧問開始建議我開放加盟，好以最快速度在遼闊的中國市場展店，建立品牌優勢。連鎖加盟的經營制度原就是我推廣泡沫紅茶的模式，只是什麼時候開始推廣、又如何推廣，仍有許多考量。有一度，我試個水溫，先開放了幾個中國地區的加盟授權。一開始條件談妥，諸事順利，許多中國的商家也理解了連鎖加盟的經營模式是日後經營市場的重要主流，在同一的品牌知名度帶動下，可共享廣告效益的優勢。確實初始堪稱順利，我本也希望就此順利陸續在中國展店，推廣台式泡沫紅茶。

合同中，我爲了保持台式茶飲的特色，因此註明部分的原物料須從總公司購買支應，加盟商也完全同意，認爲要做就得端出正宗的台式口味，才有市場區隔度。孰料，一段時間後，合作本質開始發生變化。

不諱言，中國有些人士的「山寨觀念」濃厚，許多商家完全惟利潤考量，以致合作開始變了調。

首先強調，所謂的山寨，我並不認爲完全是負面的意思，實際上，當深入中國越久，有時就越能發現，山寨是資源缺乏的背景下，極爲難能可貴的降低成本創意。我聽過個故事是：

一家中國工廠在日常經營中，常遇到一個困難。就是用來將貨物裝箱的自動輸送帶設計可能有不少瑕疵，許多時候箱子經過了，卻沒有套到貨品，因此會有些空箱夾雜在正常有貨的箱子中。而一旦等到這些箱子送貨出去，空箱就可能被下游廠商發現，明顯被認爲是品管嚴重不合格的廠家。老闆很苦惱，也並非不想改善老舊設備，只是整個流水線設備的更新價值高昂。有顧問建議他說，要克服空箱問題就得買進國外的透視檢測機，就像機場的安檢設備一樣，如此就萬無一失了。但同樣的問題是：這種機器太貴了，對小工廠來說，可是負擔不起的大成本。

每天煩惱這問題的老闆苦惱不已，有一天他突然靈光乍現，在輸送帶的末端放了台超大的電風扇，然後打開風扇不停對著箱子直吹。是的，若是經過風口的箱子沒裝好貨物，自然重量很輕，強風一吹就翻箱了。只要派個工人每隔一段時間將空箱子清理就好了。

一個大型電風扇對比高科技的流水線設備與透視檢測機，來得便宜太多了。作法很「山寨」，但是就成本來說，完全達到了目的。

我解讀山寨一詞，其涵義不應該只狹隘從劣質仿效的角度，而是山寨背後的眞相，是那些物資不豐、金錢有限的後進業者，反而會因此激發潛力，想出可以克服的「非正統」辦法的創意。就像故事中的廠商，它可以如許多山寨的擁護者選擇購買低價仿製的山寨檢驗機器，但他卻激盪出另一聰明方法，解決了問題。

面對困境，能以極為低廉的創新效率方式完成目的，都屬不易。當然，關鍵是不能剽竊與侵權。我在開放加盟的過程中也碰到了「山寨」，這經驗就十分負面了。實際上，從商的基本常識是：任何行業都不可能永遠是獨門生意，只要一段時間後，就會有後繼者加入競逐。但合法競爭與非法山寨是兩種不同的層次，前者是正派較勁兒，後者則可能是低檔次的惡質模仿。如果遇到的是後者，那當然必須起身捍衛權利。

不少來中國大陸經商的生意人，一定都知道有「被山寨」的可能性。我當然並不鼓勵山寨，但是，若從行銷角度來說，某種程度的被山寨，其實也是一種免費廣告。如果我們將山寨市場視為地下市場，究其實，反而是可能擴大原有市場規模，而非吃掉現有市場。比如，使用山寨品的消費者很可能因為愛上產品，反而願意掏錢購買原廠商品，而此時，原廠就有可能出售較高層次的服務與設備。

再進一步想，這就彷彿軟體廠商總是先免費提供使用者下載體驗，如數位音樂或是防毒軟體的試用版，之後再請使用者升級換購高階的付費版。也就是戲謔地說，「既然只能做君子的生意，不能做小人的生意」，那就將山寨視為是替自己打廣告的免費試用版，期待這些潛力使用者日後轉成公司的用戶。倘若，中國大陸是最大的山寨盜版者，但一體兩面，不也是最大的合法潛力市場嗎？我是抱持這種想法，才不致看到街上出現兩元或五元人民幣一杯的泡沫紅茶時，心裡難以平衡。

是的，就當這些或稱爲山寨、不那麼正宗的泡沫紅茶爲試飲品吧，日後他們就會想比較「正式引進的泡沫紅茶有什麼差異」了？當然，我也深知市場是不等人的，如果山寨坐大了，可能會「以紫亂朱」被誤認爲是正宗，反而市場較小的自己成了山寨了。就如同許多早年的台灣流行歌曲被中國歌手翻唱後，很多人都將翻唱者誤以爲是原唱一般。所以，我當時想，儘管許多泡沫紅茶店紛紛冒出，但我要做的就是盡快建立品牌識別度，最好的方式當然就是採取港台的連鎖加盟模式，而這卻讓我遇到十分負面的經驗。

國外有個作家蘇珊．弗萊德曼（Susan Friedmann）曾在書中寫到：當有人來尋求特許經營時候，該問的五大重要問題——

一、爲什麼想經營一個特許事業？

二、你跟別人共事的經驗如何？

三、請說說你的決策過程？

四、你是個追隨者，還是創造者？

五、你是否了解特許經營者必須承擔的風險與責任？

第四和第五問題是重要的關鍵。正由於不了解第五項所謂的風險與責任，就容易將自己從追隨者，任意搖身一變成創造者了。第四點問題很值得注意，因爲追隨者與創新者的特質不同，追隨者比較可能跟從公司的遊戲規則，後者可能比較容易因規定覺得綁手綁腳，甚至企圖改變遊戲規則與原先的約定，試圖自己完全主導，但卻因缺乏相關的深厚從業經驗，從而可能感到挫折而在商場陣亡。

仿效與跟進，是學習的過程，關鍵是不斷學習，並且同中求異找出並建立自己的特色。

在中國有家同樣經營連鎖企業的餐飲同業，名字是「西貝」。西貝，音似西北，沒錯，這家餐飲賣的正是中國的西北菜。在餐飲世界裡，川菜、浙菜、湘菜等所謂十大菜系都是中國飲食世界的主流，西北菜相對地只屬非主流。但西貝能以西北菜爲特色，並將連鎖的「西貝蓧麵村」推升為北京、上海等城市的排隊名店，甚至把店面帶進聯合國，創辦人賈國龍先生功不可沒。

【西貝老闆的經營啟示】

賈先生的創業有成事蹟中，可以分享與學習的面向不一而足，諸如不排斥隱蔽處、且將冷門地點創造人流，尤其往往能將轉讓多次的店面做活的開店策略，都令人對這家以「邊緣菜系、邊緣門市」卻獲致成功的企業讚譽有加，無不再三咀嚼與深思其經營學問。

賈先生也是我的好友，相聚時他不時會說：「這家連鎖企業這麼多分店，爲什麼東西不能再好吃些？」一般印象總認爲講究出餐速度的連鎖店，與精緻美味是不能畫上等號的，但他卻完全做到了。甚至在他的店裡，消費者若覺得不好吃，可以退費。

有一次，他專程來台灣拜訪名廚阿基師，以及王品集團創辦人戴勝益先生，與台灣餐飲界進行交流。當時恰好我回台北，但他爲怕打擾我的休息，並未告知。我得知後，立即連絡並邀約一敘，以盡地主之誼，由於我知道他是一個學習慾望很強的人，向來很推崇台灣品味細膩的人文精神，於是我主動提議到松山文創園區（松菸）參觀。

松山文創是一處文創育成、美學體驗的文化市集，是可窺見無限創意的櫥窗與體現實做的感動之地。此行中，他深受文創工作者理念的感動，非常專注地參觀各區各館主題與創作商品的體驗與交流，無論是手工肥皂、麵包烘焙、玻璃吹製等，他都參悟得津津有味。他尤其讚譽以故事爲產品核心的文創理念，認爲這是絕對正確的道路。同時，他對於許多強調不加添加物的烹飪特別肯定，因為他打造的西北菜系就是強調使用天然食材，且不使用任何添加劑，以源自遼闊的西北地域，出產優質農牧產品，做為最大的訴求，好讓消費者不虞食安問題。

令我印象深刻的是，我陪行的隔天因有要事，即飛返上海。而我後來得知，他在台灣剩下的四天行程中，竟然天天到松菸報到，一館一區地體驗不同商品的特色、製作，以及背後理念。這個過程讓我深感佩服並完全理解了，這位從學生時代就經常四處聽講座和報告，並浸淫在各種領域（如沙特、資本主義、佛洛伊德等）的勤學者，何以能堅持不懈、博採眾長，將連鎖企業經營得如此成功了。

嚴格說，每位創業者多是受其他人的啟發而有了跟進的想法，但儘管從「追隨者」開始，只要能學習、不斷地學習，並將同業、異業的正確理念與能力，引為自己企業的學習典範，內化成自己的利基優勢，就會將自己打造成煥然一新的「創造者」，進而從邊緣者一躍而成為主流，如西貝創始者給我的經營啟示。

畢竟，在一切透明的競爭世界裡，模仿、跟進，無論是模仿者或被模仿者，都要體會這是必然的現象。勝出的關鍵是，能否做得更好？是否做出差異？這是當連鎖制度盛行之後，每一家從業者都必須時刻自問的話題。

就如同加盟商曾問過我：「茶葉嘛，又不是只有台灣的高山茶、凍頂、烏龍，咱中國要什麼茶沒有，幹啥一定要用台灣茶葉不可？」「粉圓嘛，不過就是弄些麵粉揉揉搓搓，哪有什麼不一樣。你叫它珍珠，我這也是珍珠呀，都是圓的嘛。客人哪分得出來呢？」這些是爾後的爭執中陸續聽到的說詞。

的確，茶葉哪裡沒有？尤其中國是個名山出名茶的聖地，喊得出名號的茶品幾可成書，比方說，西湖有龍井、安溪有鐵觀音、雲南有普洱、武夷山有大紅袍、信陽毛尖、洞庭湖有碧螺春等。撰寫世界第一部茶葉專著《茶經》的唐朝陸羽，就洋洋灑灑地介紹了中國各地名茶，他當時就將唐代全國茶區的分布歸納爲山南（荊州之南）、浙南、浙西、劍南、浙東、黔中、江西、嶺南等八區，並談各地所產茶葉的優劣。

再放遠點說，當時我想如果有一天泡沫紅茶走出中國，純以紅茶而論就好，世界知名的紅茶就有印度阿薩姆邦的阿薩姆紅茶、西孟加拉邦的大吉嶺紅茶，還有錫蘭高地紅茶；其他世界知名茶產地的茶葉不知凡幾，倘若每到一地即完全採用該地的茶葉，就地取源成本或許可以降低，但口味的細微差異勢將在所難免。

粉圓也不是世界專利，憑什麼非用某地的產物？但這就是差異化。可口可樂和百事可樂有什麼不同？可口可樂的天價機密配方爲什麼是企業最高價值？橘逾淮爲枳，換個地方就把馮京當馬涼了。

在中國經商不免出現「山頭放牧」的連鎖展店，遇到「山寨文化」的問題，你的招牌、產品、服務的模式，都會遭遇到各種的正面的跟進甚或負面的侵權模仿，但若不知求變求新，堅持理念，那就只能永遠淪爲二流品牌之業者了。

向需求者靠近——7-ELEVEN和星巴克教你展店策略

連鎖制度要成功運作，關鍵是如何擬定展店的策略。要言之，就是要選對店址展店，這跟買房子的精神是一致的，關鍵就是地點、地點、地點。經常有人問我：「店址的遴選條件是什麼？有一定的標準，還是隨機的？」

我在中國的第一家店是在上海的五角場，方圓附近有知名的同濟大學、復旦大學。對於甫從小香港進入大中國的人來說，短時間要透過精準的市場調研，再做到精算後的布局選址，不諱言，以當年的公司能力來說，是無能爲力的。儘管有些香港的開店心得，但我仍然先以既有的觀念與準則設店，這項簡單的原則就是「靠近學校」。在台灣，若要經營小店面，其中一項不二法門就是盡量與學校爲鄰；因爲學生儘管零用金有限，但只要經常穩定地消費，就可以提供固定的客源與收入。

因此，我前進大陸時就是先尋找校園附近，而非將店址設在繁忙城區的地方。我選的是大學旁邊的店鋪，當然成本考量是主因之一，不過，開設在學校旁邊有其他的優點，因爲珍珠奶茶比較有機會讓喜好嘗鮮的年輕人大膽一試。

訴求什麼族群非常重要，每個人的消費模式其實受到長期行爲的主宰，有時候不是一時半刻可以更改的。習慣喝英式下午茶的人，或許很難接受路邊買杯速泡茶飲，但年輕人，尤其是學生，擁有一定的消費力，再者，大學生活的重心就包括休閒，當有許多同儕好友必須辦活動一起同樂，可以外送的泡沫紅茶口味又多，有的男同學喜好加點咖啡、女學生可能喜好檸檬酸滋味，在這裡就可以一次滿足不同口味的消費者，對於採買活動飲料的人來說，是十分效率的選擇。因此，大學旁的店址成了進軍中國的第一站。

當然，更進一步的作法就是直接深入學校內部開店，比方說和校方洽談經營福利社或是用食餐廳等，簡單說，和打籃球的精神一致，越靠近籃框者，越容易獲勝。所以，擁有外線再神準射手的籃球隊，還是得尋找可以吃定籃框的長人。

「向需求者靠近」設店法則是最簡單且有效的經營策略。比如我觀察到，在中國四川成都一些百貨商場大樓的地下停車場，不時可以看到一種台灣似乎罕見的作法，就是洗車連鎖店直接設在地下停車場裡。一將車開入地下停車場，就有一處明亮玻璃區隔的空間，不知情者以爲只是收費站，但其實裡面是有自動機器，並有身著整齊制服的洗車人員服務的地下洗車場。對洗車業者來說，顯然，地下停車場是再好不過的設店地址，當車主上樓購物或是餐廳用膳的時間，就可以直接就地接受洗車服務。這家洗車業者如果一直依循著此一聰明開店法則，我相信該公司會有極穩定可觀的客源與收入。

將泡沫紅茶店開設在學校附近也是此一思考。泡沫紅茶標榜休閒，價格親民，是重視休閒活動的學生們消費得起的負擔，初期的這一想法確實也獲得了穩定的收入。

但隨著展店腳步擴大，拓店的思考就需越來越慎重，且在經濟能力有限下，必須做最大效率的應用。所以如果要更專業回答如何選址開店，我分別以日本和美國的零售龍頭爲例，做相關說明。

首先，姑且不論口袋深度，選址開店的第一步無疑就是人潮的多寡。我初到香港時，選址的條件是開設在熱鬧大街旁的轉角巷口，一方面租金便宜，再來就是離人潮不遠。但說來簡單其實並不容易，就如同，我們常可看到比鄰而居的店家，生意卻天壤之別，同在一條熱鬧馬路上相對面的兩家店，來客數就是大不相同。簡單說，看似差不多的店面，其實往往差距甚遠，也可能應該來店人數明顯有別的兩個店址，實際人潮卻完全一樣。這裡面就牽涉到路人行走的動線問題，只要動線順暢，人潮自然就多，所以有時候，明擺著有一條大馬路間隔著鬧區，但是路人卻會因爲停車或是其他原因而跨過馬路，那麼，這條馬路鴻溝就不致構成人潮聚集的障礙了。

當然，這些觀察也需要實際現場體會，而我則用了最笨的方法，就是拿著計數器站在選上的店址附近站崗，計算著過路人的數目，然後換算著，倘若有某個比例願意進店消費，以平均的消費價格計算，這樣是否可以維持店面的生存？

嚴格來說，除了初期因經費有限、選擇極少的情況下，大致的來客數都能支應一家店的經營。這時候的展店策略就進入到第二階段了，因爲經濟好轉，選項開始變多。策略是很重要的，並不是有錢就可以虛擲，任何不以實際消費景況爲本的經營，都是華而不實，容易招致敗亡。今天若是一家資本雄厚的國際大企業，也不可能採取遍地開花的展店模式，只是外人不理解，看到他們瞬間開設了多家店面，就以爲其採行「只要是黃金店面就搶」的圈地模式，並非如此。越是國際級的大公司，開店時越經縝密的調查與計算。

我的作法比較類似日本7-ELEVEN的方法，它是屬於某一區域密集展店的模式。其實台灣的便利商店也類似於此。

台灣擁有世界最密集的便利超商，在這麼小的台灣，竟然可以有這麼密集的家數，這其實已經是值得全世界參考的連鎖網路經營學。同樣地，在日本很多人以為7-ELEVEN是無所不在，到處都可以見到其店家招牌，就如台灣的經驗般，一條不到五百公尺的巷道裡，可能就有三家同行，其中有兩家還是自己人。後來我在書中讀到，其實日本的7-ELEVEN是：「遵循一種所謂『區域集中展店』的設點方式，就是集中在某個區域內設店，並讓每個店鋪或是門市緊鄰商圈，慢慢擴大店鋪或是門市網。」因為採取此制度，日本所有的都道府縣真正有設店的區域，其實只有三十四個而已，四國、北路、山陰等十三個縣，完全沒有任何門市。即便如此，仍然給予外人這是一家到處可見的品牌感覺。

這種設店模式有點像是「圈點打圍」，就是選好了一處消費潛力地區，然後以包圍開店的方式，穩穩地讓此處消費者非得上門不可，因為成了鄰居，上門消費方便。這頗類似下圍棋的圈圍後取子，一步步靠著圍勢贏得市占率。

外人看到連鎖店機會多了，以為是天女散花式的展店模式，這其實多是一種錯覺，許多企業品牌的展店若是真有謀略，遵循的多類似7-ELEVEN的密集開店模式。如果不經思考，只想遍地開花，那就是不假思索在每個鬧區都開一家分店，就如同一張平均布滿圖案的畫布，雖豐富，但沒有焦點。但若是在重點區域特別雕琢布局，那麼，這塊適度留白、錯落有致的畫布，就更具吸睛的特色了。二〇一三年我回台灣，以旗下外帶式品牌「快樂檸檬」重新開店，就是先以開設三家分店的方式與消費者接觸。

從「泡沫房市」解讀「泡沫紅茶」

展店當然是連鎖企業尋求擴大版圖的發展軸心，「開幾家」與「開在哪」同樣重要。尤其，如果想不斷創造企業形象與價值，後者就更形關鍵了。

先岔開話題談談房市。當房價居高不下，成爲民怨之首時，專家學者、政府部門紛紛提出對策，希望平抑房價，好消除民怨。但，房市又是所謂的火車頭產業，一業興，百業進，任意打房一方面可能抑制經濟成長動力，再者，有房的中產階級因房價下降而資產隨之縮水，心裡也絕不樂意。

那麼，房市該打還是不打呢？我始終認爲的觀念是：一個國家的房市應該要分開兩個部分，一個是所謂房地產政策，另一個則是住宅政策。前者是讓市場經濟決定，有高收入所得者，藉由購買好宅或是豪宅犒賞自己無可厚非，因此房產市場就有其活絡的動力，政府在此的管制就可少些；但一般民眾有住的需求，政府的住宅政策就必須設法推出大量平價或是只租不賣的公宅，讓一般百姓能不虞居住的煩惱，這才是政府該介入的部分。

同理亦然，**紅茶產業並不只是紅茶產業，它同樣也可劃分爲：一般市場（平價消費民衆負擔得起的市場）與高端市場（精緻高檔的市場）**。這就是我的經營策略之一。

從開始經營紅茶產業後，我一直不斷思考「下一次升級的機會是什麼」？紅茶行業除了以平價的街頭巷弄店面，維持親民評價形象以外，它能否有高端的市場可以挺進？於是，我除了不斷將店面從巷弄往熱鬧大路的店面挺進（因爲地點決定了檔次），爾後隨著展店數目增加，曝光率提升，我又開始尋找異於馬路的店面，我想到的是——進軍一流的百貨公司與大型商場。

知名的百貨商城常是國際頂級精品業者，或是知名餐廳進駐的一級戰區，如果我的紅茶店也能進駐，那麼，品牌與價值就可以更上層樓了。

有別於其他後進台商在一般的街頭巷弄與熱鬧馬路上張目可見，我的店家是以商城進駐爲主要設地。以上海爲例，浦東的上海國金中心、正大廣場、淮海路的ＩＡＰＭ廣場等等知名地標，都有旗下門面進駐的據點。根據調查，無論是內用式的仙踪林，或是外帶式的快樂檸檬，都是商城中同業品牌進駐的第一名。

這一展店思維不僅在中國大陸如此，當拓展海外據點時，也開始遵行。例如，儘管在許多年前就有機會在日本開店，但我總認為時機不成熟，未全力赴日。但晚近隨著品牌與店家數目的提升，就更有籌碼進行上述的思維了。這就是爾後，我將與日本京王百貨合資開發日本茶飲市場的原因。

進駐一流的商城，租金昂貴，是公司成本上不小的負擔，但卻是餐飲企業區隔對手、尋求升級的必然之舉，因為那是視野更遼闊的另一個山頭。

開得快又好：組織的後勤支援

但無論想將店家開設何處，更深入地說，展店策略要順利遂行，最要緊的是背後的企業內部組織的支應。我以美國咖啡王國星巴克的一段發展史做為佐證。

先引用《複製星巴克：店鋪經營的藝術與科學》（*Built for Growth: Expanding Your Business Around the Corner or Across the Globe*）這本書的兩位作者魯賓威爾（Rubinfeld Arthur）和海明威（Hemingway Collins）書中一段故事：

一九九一年時，他們曾經是星巴克北加州地區的獨立房地產經紀人，那時星巴克創辦人霍華・舒茲還邀請作者加入星巴克，擔任房地產發展部主任。但作者知道這是一份吃力不討好的工作，因爲「店主會責怪營建部門沒有準時交店，而營運團隊會叫店主少抱怨，然後雙方都會怪罪房地產部門挑到這麼爛的地點；交易中，承租人整修費用很少（甚至沒有），因此，我才不要捲入你們的鬥爭啊！」書中說，「多數零售、房地產、營建及營運部門，皆屬於資深副總裁或零售部總裁的管轄範圍，而這些主管通常來自營運部門。經營者都是保守的，他們並不是很了解選址的方法。由於房地產會影響所有經營層面，以及我老早就知道它對正在擴張的零售業多麼重要，因爲店主對地產的了解，大概僅限於展店及銷售的空間，所以我們必須要有遠見，在選址方面有獨到的見解。」

後來作者向星巴克的相關主管提出了一份企業整合建議書；由資深副總裁統籌管理展店事宜，包括房地產、設計、營建及資產管理。這個職位與營運副總裁平行。藉此，新部門可讓星巴克統一管理尋找「黃金」店址、打造品牌定位、室內設計及迅速打造優質店面所有相關事宜。經過四個月的研擬與漫長會議，星巴克終於接受作者的建議，並邀請作者入主高層。

事後的效果印證，作者說：「雖然很少企業這麼做，但我確信，將房地產、設計、營建及資產管理整合成單一部門的作法，是星巴克能在一年内展店數百家，並維持優質品牌的原因。」

我引述星巴克的這段發展故事是要說明，在連鎖發展產業裡，展店就是最重要的規模發展關鍵，但展店何其複雜，從選址、租金議價、裝潢設計，到順利開始營運，其中需要投入的時間與精神是很巨大的，正因過程繁複，引發企業內部的爭議也多，各部門會站在自己的本位立場出發，從而容易引發部門間的衝突。而兩位作者洞悉事態的發展，遂建議星巴克須設立統籌事務的部門，尤其主管的位階要提高，才能發揮統籌整合效率。事後檢證，此舉確實讓星巴克得以快速順利展店，而不致被內部的繁文縟節與立場不一的衝突，影響了拓店的速度。

我的事業體當然遠不及星巴克的規模，但所見略同的是，我也將展店部門視爲是企業壯大的重中之重。我公司內部有專設的開店業務團隊，平日的工作就是研議各種拓店事宜，我深知這部門的重要性，因此此小組直接由我管理，並經常開會。在我的經營理念裡，人才是企業的中興之本，星巴克願意採納兩位作者的意見並延攬成公司高層，當然就是廣納建言、吸納人才，而我在興業的過程中，也很注意可以協助展店事宜的相關的人才。

媒體問過我，我的企業理念是什麼？我是這麼回答的，「如果麥當勞是賣歡樂，我希望自己的紅茶連鎖店是賣休閒。」任何客人來店裡消費都能放鬆心情，度過快樂時光；於是媒體後來稱我是「東方的麥當勞」。

媒體的謬讚實不敢當，但這卻是我的心中願望，如果要做到「休閒」的消費氛圍，自然店內的陳設與裝潢就要不斷精進，所以熟知仙踪林的消費者都知道，我的店面歷經了多次的變革與改裝，而其中我就曾經以高成本聘請知名的設計師，替我打造未來式的店面設計。扼要說，任何助益展店事宜的人才，都是連鎖事業發展之關鍵，唯有借助他們的專業與助力，並在企業內部組織裡做好全力的支持，連鎖加盟事業才能順利開展。

第三地——與日本京王百貨合作的啟示

一項制度的運作成功，除了先天設計得宜、企業運作得力，更重要的是參與者的心態。如果不以正面和諧的彼此扶助立場共事，那麼，設計再完美的制度都不可能運作順利。

連鎖加盟的模式通常分為直營店與加盟店兩種。前者是由公司自己掌管經營方略與販售行為，而後者則以契約條件徵集有意參與品牌經營的人士加入。前者一切以公司直接管控，而後者則除了約定的事項外，如品牌名稱、原物料供應比例、行銷費用的攤比，以及加盟權利金與營收的比例上繳外，加盟店家享有一定程度的經營自主權。一般來說，許多業者爲求展店快速，並可快速吸收加盟金，因此不顧品質與輔導內容，便濫行授權收費，甚至低價爭取加盟，金錢收到後便棄加盟商不顧，甚至捲款潛逃，成了變相的吸金騙局。這種惡質情況，兩岸時有所聞。

連鎖制度的成功端賴完善的管理，尤其，好的加盟品牌絕對能提供完整且強大的後援。我自己也在制度的拿捏上犯過錯，因此爾後我到一地，即堅持「先發展直營店，後發展加盟店」的模式，一方面除了示範給予爾後加盟者信心外，再者也先熟悉當地市場，才能踏穩發展腳步。就如即便我出身台灣，但當「快樂檸檬」外帶茶飲回台發展時，我也擬定了先直營、後加盟的發展步驟。

另外，一家連鎖品牌要能給人加盟的信心，除了基本的規模與制度外，更要設法有品牌信賴度，這方面我非常重視。因此企業從香港開始再到中國，除了參加各種連鎖加盟展覽，爭取曝光外，更多次獲獎贏得品質認可，例如，仙踪林是台資特許經營企業中，第一個連續三年獲得CCFA中國優秀特許品牌，進而贏得「中國特許獎」的優秀企業。另外也有幸在專業媒體的專訪介紹下，建立了知名度與信任度，這些過程都累積了品牌的厚度。

然而連鎖制度，無論是加盟或是直營，最重要的是彼此經營理念要一致。對於每一家分店都要將之視為命運共同體，榮辱與共，而不能將之視為搖錢樹，只求金錢數字上的計較，而忘了彼此間對品質的堅持、對市場與消費者的共同承諾，與無可卸責的社會責任。

我的比喻是，一家優良有責任感的連鎖加盟企業總公司，在徵求加盟商時，其實是尋找「事業夫妻」，從夫妻關係思考，自然就打定主意要經營天長地久的關係，而不是只圖一時的互動，因為，哄得了一時，哄不了一世。事業夫妻就該如夫妻般，彼此分工合作沒有怨言，因為都是為了家庭的和諧與發展。倘若夫妻關係不睦，是對怨偶，甚至為圖謀利益而不顧情義，無疑地，彼此關係就不會有圓滿的結局。

相對地，如果是存心不正，只想吸金卻完全不盡輔導加盟商之實者，懷的就是尋找「事業情人」，甚至是「事業小三」的心態，情人與小三有逢場作戲的短暫滿足與歡愉，但沒有承諾做基礎，關係終究是脆弱與危險的。有意參與加盟連鎖行業的人士，若能從夫妻與情人的關係做為遴選標準，就是很關鍵的參考依據了。

和諧夫妻組成的家庭必然充滿了溫暖，那會是一個讓家人安心與放鬆的重要場域。

如果我的店面也能給予顧客安心與放鬆的感覺，那就會是氛圍絕佳的企業之家了。

每家企業經營市場的目的與訴求各自不同，而泡沫紅茶店是餐飲類型，也是服務業，既然是服務業，就得要做到讓客人賓至如歸。有一句廣告詞是：「我若不在家，就在往咖啡館的路上。」廣告詞彰顯了咖啡館在都市人生活當中的不可或缺性。

咖啡是許多歐美國家生活的必需品，而賣咖啡的場域自然就是國民的休憩聚會場地，咖啡館消化了無數人民或無聊或歡聚的時光，所以，咖啡館在這些國家地區，不啻是扮演了交誼廳的功能。

東方呢，尤其是大中華地區，我想的是茶館是否能扮演同樣的角色。茶館當然自古即有，但傳統上嗑瓜子看戲的地方，能否再更廣泛地普及每種年齡層的顧客，並且有著如西方世界般的安靜交談、放鬆心情的交誼功能，並成爲城市，乃至國家的人文風景呢？

咖啡連鎖店的世界龍頭星巴克（STARBUCKS）老闆霍華・舒茲（Howard Schultz）曾經說過一段話：顧客未必知道自己要什麼？飲用咖啡的市場衰退，是因爲多數民眾購買的咖啡是毫無新意的（stale），而且也不是在享用咖啡。一旦他們試飲過我們的咖啡並經驗了我們所謂的「第三地」，也就是家和工作場所之間的一處聚集地，在此他們會被以客爲尊地對待，他們會發現，我們是不斷滿足他們不知道自己擁有的需求。

霍華．舒茲提到的就是，飲用咖啡的經驗可以有別於過去，如果可以打造出新穎的咖啡口味，同時將咖啡館經營成家庭與工作場所外的流連第三地，那麼，消費者就會有截然不同的感受。同理，若是泡沫紅茶能如咖啡不斷變革傳統，迭創新意，在傳統茶味上經過配方推陳出新，同時將喝茶的場地賦予新意、融入都會人的生活需求，並能成爲庶民日常生活中的重要第三地，也就是對成年人來說，是工作與家庭的第三地；對學生來說，則是學校與家庭以外的第三地，那麼，泡沫紅茶產業的演變就有非常重要的意義與價值了。如果我經營的泡沫紅茶產業能有棉薄的社會責任，那就捨「第三地」的想法無他了。

這樣的觀念並不難懂，難處是在於當在異國開設連鎖店時，該如何符應當地的需要？舉個例子來說，當我和日本京王百貨開始洽談合作時，該公司的高階主管一喝到「綠茶多多」（綠茶加養樂多）的飲料時，立刻「啊」一聲覺得很奇怪，但這款茶飲在兩岸都是頗受歡迎的品項。細究下才知，日本人對於長年引用的綠茶與養樂多，早就習慣其口味，有其根深柢固的印象，不易改變。因此這樣的混合茶就頗不合其口味。然其對於其他口味較不熟悉的混合茶就很能接受，這些就會成為日本分店開幕時，推出飲品類型的參考。

異國的合作不僅是口味的選擇與調整，還有空間的定位。日本人除了啤酒屋之外，另一生活中經常小聚或獨處的「第三地」空間，就是類似小咖啡館的場所。日本人喜歡在此品味飲料、消磨時光，換言之，得有座位以供就坐。但將引進日本的是外帶式的快樂檸檬，外帶式的店型就不提供座位，但這顯然不符合日本的生活消費模式。於是，在幾經的設計妥協下，日本的快樂檸檬也將提供一些座位，以獲得日本消費者的青睞。

從事連鎖品牌行業，「第三地」的理想必須因地制宜、適度調整，才能真正入境隨俗，符合該國的「第三地」生活慣性，對企業本身也能獲得最好回饋。如前述，行銷就是要讓商品或是品牌，直接進駐消費者的心裡，以及日常生活裡。

實驗：品牌必要的拓展精神

從事連鎖制度長年以來，深感有一個不可或缺的心態是「實驗精神」。就如王品餐飲集團不斷實驗推出新的連鎖品牌，一旦一個品牌的示範實驗成功，就可以推廣連鎖加盟了。

王品是戴勝益先生創辦的多品牌連鎖食品王國，旗下包括有王品、夏慕尼、藝奇、原燒、西堤、陶板屋、聚、品田等十餘個知名餐飲品牌，在兩岸擁有四百多家店，戴先生經營得法、管理獨到，王品已經成爲年輕人期盼就業的排名前三之列，並被媒體譽之爲幸福企業。

王品的發展亦是採取創建品牌，而後進行連鎖發展的展店模式，每一個品牌只要能具備特色，就有極高的魅力而能吸引加盟商的青睞。旗下的每個品牌一旦經營得法，均能不斷複製，從而帶出無限的拓店發展可能。十餘個品牌同時徵收加盟連鎖時，其集團壯大速度之快，就可以想見了。

簡單說，以品牌管理進行的多角化連鎖發展，即是加盟制度的淋漓發揮。其成功的前提便是經過不斷的實驗，再經過市場檢驗。在此一想法上，我與王品所見略同。開始從事泡沫紅茶產業，我就是以連鎖加盟制度做爲發展規模的主軸，當初我即思考，乍看泡沫紅茶，只是單一的商業店型模式，就只能進行單一的品牌複製，除非我如王品般販售不同的食物，才同樣可以多品牌複製。但是，我觀察到，即若同樣是泡沫紅茶，也可以有不同的經營型態。就如可以在店裡販售，也可以打著餐車的模式進行流動式複製，甚至也可以與其他餐飲業結合，推出複合式的聯合品牌（co-branding）經營。爾後商業型態日漸繁複，外帶式的飲料店也興起，即證明了「一種商品，多種店型」的市場豐富性。

所以從香港展店成功後，我即開始想著以不同的店型，亦即如同王品的多品牌模式，來試著做爲發展方略。所以，無論是仙踪林內用式的餐飲店，以及快樂檸檬外帶式茶飲店，獨自的品牌採取連鎖加盟的模式拓店，加大服務網絡。但品牌的新設，仍是以茶做爲商品主線，就像麥當勞再如何變化菜色，漢堡仍是其招牌主力商品。

每項制度都有它的核心要義，對連鎖制度爲發展軸心的企業來說，保有實驗性是我體會的關鍵。什麼內容的品牌建立後，可以順利連鎖複製？複製又該在什麼時機？這些提問都有太多的斟酌與考量。任何發展連鎖加盟制度的企業，其實都有推行後失敗的慘痛歷史，但必須繼續實驗下去，因爲「市場就是最偉大的導師」，市場的教訓永遠是正確的，如果想征服山頭，與市場共存下去的話，都必須認同這句話。

CHAPTER 4

游牧後的精耕

選地開店後，是要先爆衝店家數博得市占率，求業績高速成長以厚實企業本身的能量，還是穩紮穩打做好相應的後勤準備與管理，再求拓店？這是很多企業領導人經常很難拿捏、陷入迷思的矛盾所在。在我認為，必須採取在地精耕的作法，在品牌、品質、員工訓練等後勤管理上，不放過任何環節，才能成就一間堅實企業。

當牧羊人找到豐美的水草地後，除了讓帶領的羊群得以飽食外，身爲牧羊人必須知道如何能讓這塊地不被破壞，且持續成爲羊群的棲息地。游牧後的地方就必須採取精耕的思維，好好維護，甚至屯墾，讓水草的豐美品質穩定可靠，歷久不衰。這就牽涉到後勤管理的重要性了。

經營通路vs.經營品牌：量變與質變

二〇一四年三月十六日台灣《旺報》的一篇報導提到了我的企業：「『快樂檸檬』紅了後，當地品牌的現榨水果茶，或是甜品廠商越來越多，連LOGO形象都長得『很檸檬』」；有家跟進的大陸本土業者受訪時說，他們的「品項比快樂檸檬還要多，還有很多港式甜點，加盟店已有八百家。」我是在二〇〇六年推出快樂檸檬外帶式飲料，至二〇一四年九月底爲止，全球約莫開設了四百七十家。但當地的仿效之快、跟風之盛，從報導就可明顯窺見了。

競爭，只要是正面的，都是健康的，也是消費者之福。但是店數衝得快往往適得其反，姑不論營收帶來的效益，其實可能已偏差了經商方向。連鎖業者常以爲徵收加盟快速展店，瞬間擴大市占率，就可以給消費者品牌印象。其實這樣瞻前不顧後的思考，從本質上，他們只是經營通路，而不是經營品牌。因爲將店數急增擴大，總公司就可以靠著供貨賺錢，至於品牌經營是否細膩精緻，就是次要問題了。「做品牌」還是「做通路」的思維，將會經營成就的不同面向。

很多創業者總有個心理迷思，認爲先衝高店數，一旦市占率大了，就會「量變產生質變」，屆時市場的關注、消費者的青睞，甚至是獲利後的再投資，都會讓品牌形象升級，自動轉型成功。然而，在泡沫紅茶產業，我經常見證的是「量變不會產生質變」，就像很多隨意徵收加盟的品牌，店數衝得很快，但沒幾年就銷聲匿跡了。反而是質變才會產生量變，將品質做好，店家數一定會與時俱進，不斷成長。

因此，要經營消費者認可的品牌，關鍵就在全面的品質追求。尤其要如軍中的作戰觀念，「一方後勤、一分前線」。若前方廣開戰線，那就得衡量後方的支援是否到位，這就是中央廚房或中央倉儲的角色，以及企業後勤能力的展現。家數多、品項廣，但品質是否改變了？這就是消費者想理解一家品牌時的很好角度。

較我跨足中國時間稍晚，同樣出身台灣的知名連鎖餐廳「一茶一坐」，二〇〇二年六月在上海新天地開設第一家門市。一茶一坐曾經推出了一項「十五分鐘，美味必送」的服務而獲得好評。這項服務是如果在沙漏計算的十五分鐘內，顧客的餐點未送上桌，店家就要賠償。

有信心能推出這項服務，顯然是後勤從點餐到製作、再到送餐動線的事前規劃，勢必是經過演練，確認無誤才敢推出。可想而知，一項服務要做到確實，事前的準備功夫自然得下足苦工。

從這項服務可以得知，如何製造出排隊的榮景，卻又不讓顧客因為久候而不耐離去，這就是餐飲業經營成功的關鍵。倘若每位製作泡沫茶飲的服務人員動作太慢，且如此琳琅滿目的茶飲製作過程略有差異，導致製作時間差距過大，就會影響顧客日後的來店意願。尤其是外帶式的經營型態，更須重視時間的掌握，看似簡單的搖紅茶動作，但要各地的口味標準一致，上海喝的珍珠奶茶與廣州賣的珍珠奶茶要做到一模一樣，製作時是左右搖、還是上下搖，什麼茶飲必須手搖、什麼茶品又可借助機器搖動？而每種茶飲都是同樣的搖晃次數嗎？這些答案的背後，就是無數的演練以及標準化動作的反覆設計。

有鑑於此，我在總公司設立了所謂的「店中店」實境模擬賣場。透過仿造實體紅茶店面的實境設計，藉以訓練加盟商與門市服務人員。而其中更有作業流程手冊的編製，目的就是將所有的製作與銷售流程制式化與標準化，再經過不定期的培訓與課程分享，從而讓每家分店的員工擁有一致化的作業依循與程序，企業的整體形象便可因此樹立。

員工的製作紅茶程序可借助手冊規範手搖的方式與次數，也可規範不同茶飲的不同添加程序，只要員工按部就班地遵循指示，再經過一段時間的訓練熟悉後，便能上場了。但眞正難的是原物料的中央控管，以及後勤倉儲的支援能力。

前文提到一茶一坐，上海一茶一坐餐飲公司總裁陳定宗先生受訪時表示，該企業得以快速擴張，在於引進台灣的「中央廚房」戰略有關，「餐廳內每道餐品在中央廚房提前完成，再配送到各地門市店，當客人在餐廳點餐後，服務員只需將食品經標準作業流程處理即可食用。」「台灣香腸、三杯雞到痲油雞，這樣道地的台灣口味，都可以在大陸一百家連鎖的一茶一坐品嘗到。」這是連鎖店經營的要訣，簡單說，中央廚房的品質控管，可使得原物料等基本食材有了調製時的穩定感，當在中央廚房調製好的基礎食材原物料送達各分店時，只要按照標準化的製作流程，就可以順利上菜，既可保持各分店的口感一致，也能將製作的效益發揮最大。

的確，中央廚房確保了品質的標準化，且能將流程效益化，這對於開設分店來說，有莫大的助益。同樣地，泡沫紅茶連鎖經營除了有些茶品是現場烹煮以外，因爲販售茶飲品項衆多，因此有不小的比例必須同樣採取原物料的事前調製與冷藏，然後再分送各個店家，以利製作的品質標準與供應速度。因此，泡沫紅茶產業也必須採用類似中央倉儲的「物流配送中心」觀念，而難處也在於此。

在台灣的紅茶連鎖業者，基本上也是採行這一個模式，除了現場調配的茶飲外，需要用到原料的茶飲，如水果茶之類，就訂購原料備用，只要客人點用，服務人員即可立即沖泡調製，效率極高。這個作法很簡單，因此只要一家店面經營獲利，則可以相對容易開設其他分店；只要連繫好原物料的供應方，他們就會按時分送各分店，完成該日開張前的準備。所以，很多人認爲開設連鎖分店並不困難，台灣到處都是。

的確，在台灣是相對容易的，因爲台灣幅員小，物流配送業者的效率也高，但將市場放大如中國的廣袤幅員，就完全不是那麼回事了。中央廚房的觀念穩定了品質、確保了效率，但它必須有個前提——物流配送的效率。倘若幅員太大，物流業者不夠發達，那就鞭長莫及，分店根本等不及中央廚房的供貨。

也就是說，採用中央廚房制度的業者有利有弊，利者是初期的發展可以控管品質，並且有利於拓展速度，因爲只要採行中央廚房的處理過食材，相對來說，分店就比較不需要聘請等同於總店的烹飪師傅，只要有經過訓練的員工按照標準程序，就能完成上菜。這就是中央廚房的優點。

不過，水準整齊的烹飪師傅畢竟有限，尤其隨著一家家的分店設立，廚師是很難徵聘的，且每人的手法有別，口味上也很難眞正統一。

另一個麻煩是，倘若幅員太大，中央廚房的供應效率有限，自然就局限了分店的拓展。我們看當前許多網購業者，標榜的是虛擬經濟，一鍵就可購物送達。但這些業者若要在一定時間內送貨完成，仍就必須和物流配送業者合作，甚至必須自己斥資建立集貨倉庫，因爲所賣品項繁多，必須先存留部分庫存，才能當顧客點選購買時，快速與物流業者合作立即出貨。否則，物流業者必須得到每種商品供應商的倉庫搬貨再出貨的話，那就不可能完成迅速將貨送達顧客手中的時間要求了。

簡單說，有業者標榜二十四小時到貨，甚至有出現五至六小時到貨的驚人服務，其實都必須在一些集散地建立大型倉庫，才能控管時效。中央廚房類似如此觀念，它必須考慮出貨的地點與時間，除非廣設中央廚房，否則在連鎖發展的一段時間後，反會形成企業的挑戰。尤其中國之大，要將台灣的中央廚房觀念引進且發揮徹底，確實絕非易事。很多人看泡沫紅茶是低門檻的行業，一家店面做得好就能不斷複製，但是眞要放大時，有太多需要克服的問題了。

這情況就如同開墾農田前，必須要先找到供應水源，而後按照農田所需水量，或許是鑿井，或許是建立蓄水池，以備灌溉所需。一處水源能供應多少良田是固定的，倘若持續擴大耕田面積，那就勢必得另覓水源。中央廚房的道理即是如此。得先計算好供應的數量與配送的時間，才是完整的後勤配套。

連鎖紅茶業者與一般餐廳本質上仍有不同，因為不是供餐為主，所以並不需要中央廚房，但會需要類似概念的倉儲管理與配送。因為倉儲中的原物料水位，要保持多少才能供應某一地區內所有分店的一定時間內之所需，仍是與中央廚房原理一致。

如我在中國面對的課題就是，必須因應廣大市場的所有連鎖據點，例如，遠在東北哈爾濱的門市如何及時收到新鮮食材？這就仰賴物流配送中心的設置，以順利及時地新鮮送達原料。因此，我的考量是在廣大的中國市場欲開設分店前，須先評估原物料的供應配送是否可達到效率，再者，就是設計與研發可以現場調製茶飲的品項，一旦這類現場製作的茶飲比例提高，相對就減低後勤配送的業務比重。也可形容是「前店後廠」的同步作業流程設計。前者就是店面的自製能力，後者就是做好先期調製與配送作業的配送制度。唯有兩者同步精進，才能確保點餐的效率與飲料的品質。

以一處設立的物流配送中心，負責支應一整區的所有門市（如北京的物流中心，負責整個東本與華北的門市），這種分區的概念，是希望建立分層專職且後勤充裕的下情上達制度。一如我的企業體系在台灣、香港、廣州等地設立六個管理公司，以轄管海內外各地的相關事宜，目的都是強調「大後方的資源能否充分供應最前線」。

「很多同行或餐飲業都發展連鎖制度，像是麥當勞、星巴克這些外來品牌，或是永和豆漿、眞鍋咖啡等知名連鎖店，中國本地大大小小的連鎖企業發展者更不知凡幾，那麼，泡沫紅茶的連鎖經營與他們有什麼不同？」有一次，我在內部開會時，問著所有幹部。

有人回答販售內容不同，有人回說裝潢不同，也有人說資源不同，畢竟有些是國外大企業，有些只是甫開始的中小型創業。這些答案都只回答了表象，實際上，泡沫紅茶與他們雖然都是採用連鎖制度，但是設立分店時的過程是比較複雜的，而複雜的原因是「販售的內容」。爲什麼呢？因爲絕大多數的餐飲店在進行連鎖的時候，各店賣的都是一樣的內容食品。難道泡沫紅茶在不同地區的連鎖店，就賣不一樣的食品嗎？不完全是，原因就是在冰天雪地的哈爾濱開分店，與在炎熱的海南島設立加盟店，確實必須在熱飲與冷飲的比例上做不同的調配。而這些就必須在開店前預作準備，這就牽涉到後勤，以及所謂倉儲的製作與配送了。

因應地方差異以調整飲品種類是泡沫紅茶產業的挑戰，但反面來說也是機會。因爲它有靈活的市場調整特性，可滿足無論處在寒帶或是熱帶的消費者。

不過無論怎麼說，後方的管理與資源的安排確實是連鎖企業發展成效的關鍵，它必須做到「長效管理」，即追求穩定的配送，而不是突然生意變好時的緊急運調。嚴格來說，是對企業能力不斷的挑戰。說起來，紅茶產業確實知易行難，易學難精，但也因此讓我永遠保持迎接挑戰、追求進步的心態。

品牌 vs. 招牌：詹姆．柯林斯的大哉問

看數字會說話，當只求擴張而不求精耕，忽略了打天下之後的治天下，戰線過長就會種下企業的敗因了。根據台灣官方統計及業者估計，近十年來，台灣外帶冷飲市場的年規模，從兩百億元膨脹四倍到八百億元台幣；以店家數而言則是成長逾兩倍，店數從不足一萬家激增到近兩萬家。另據經濟部統計，近五年歸類於「冰果、冷飲店」的店家數年年攀升，每年成長率都達十一到十五％。稍稍留意就可發現，許多泡沫紅茶的品牌紛紛出爐，但一段時間之後也往往關門作收。

台灣有家品牌挾著推出一款深受歡迎的口味瞬間爆紅，店面數在一年內從不到五十

家左右，快速成長到一百八十餘家，超過三倍的成長能量，意味著總公司在後勤上必須輔以相當比例的支援與人手，且這家品牌的銷售業績過於倚重這款受歡迎的茶飲。但被媒體質疑其糖分過高以後，銷售業績就開始明顯下滑。

當一家品牌僅獨沽一味時，就會形成「成也蕭何，敗也蕭何」的景況。原本泡沫紅茶產業的先天優勢之一，就是多口味的飲食內容以吸引不同愛好者，藉此優勢可博取穩定多元的消費族群。反之，側重一味的結果，一旦發生問題，就容易嚴重衝擊業績。

消費者經常有種一窩蜂的流行現象，當市場流行喝什麼、吃什麼，消費者就會有嘗鮮的心理，而在短時間密集消費，這很容易給予經營者一種錯覺，認為這就是銷售的保證。十五年前台灣流行的葡式蛋撻泡沫效應，就是一窩蜂後即乏人問津，也讓許多投入的業者血本無歸。看了許多大起大落的案例後，我提醒自己的是：**經營者一定要有抗拒流行病的免疫能力**。

再如前文所說，只求收取加盟金、快速展店的心態，往往忽略了後勤的能力與公司管理的力度，這就對比出經營者是否有遠見與戰略。便利超商雖然也是積極展店，但卻是採取縝密市場調查，並經過消費潛力市場精算後的策略開店，而許多的外帶式茶飲則是盡量吸收加盟金，以求高速擴張，美其名是先求擴大市場占有率，提高品牌知名度，但究其實，「有戰術沒戰略」，往往後勤支應不及、照顧不來，服務品質轉劣，從此由盛而衰。

經營第一家就成功，其實代表出現發展契機，但沒做好長遠規劃，就是十分可惜的事。從數字對比，如新聞曾報導，統一星巴克（STARBUCKS）咖啡用了十五年的時間，才在台灣設立三百家店。很清楚，當越理解市場就越知道，搶攻據點固然重要，但有無能力做好攻下據點後的完善經營，才是最要緊的管理學。從中央廚房到紅茶產業的展店，無不清楚明瞭這項企業經營的硬道理。

先爆衝店家數博得市占率，求業績高速成長以厚實企業本身的能量，還是穩紮穩打做好相應的後勤準備與管理，再求拓店？這是很多企業領導人經常很難拿捏、陷入迷思的矛盾所在。包括我在內，也曾經落入同樣的發展選項。

剛開始創業時，就像所有懷抱無比熱情、夢想成功的事業開創者一樣，我試圖打響名號，建立特色。在此思維下，儘管創業資金十分有限，我仍重視行銷，當時除了店門口的招牌以外，還將店內所有的杯子、餐巾，乃至吸管、包裝袋等觸目所及的生財器具，都請廠商打上LOGO，從裡到外告訴消費者這家店的標誌以及名稱；同時率先採用免洗餐具，並設計特殊的飲料杯，以專屬的卡通人物做為吉祥物，一切均講究別出心裁、標新立異，我深信這是一家像樣店家的基本配備與品牌作爲。有模有樣、有名有姓，有企業雄心者當如是也。那段時間，我雖然也重視茶飲的品質，但我必須坦承，外在形象的樹立仍占了我開業用力上的很高比例。三十歲上下，熱情十足但經驗不足，這些我以爲打造品牌的必要花費，事後證明並不是創業的關鍵。

隨著一家一家紅茶店的不斷興起，又看著一家一家店不斷地關門，每家店的老闆也跟我做了同樣的事情，在各項生財器具上印製自己的標誌與圖騰。但消費者面對層出不窮的新店家，其實很難建立品牌的忠誠度，那些老闆（包括我在內）以爲的打造品牌之舉，嚴格說來，在市場大海中根本不起波瀾，在消費者心中也留不下深刻的印象。

當我的店後來也關門之後，看著倉庫裡還不曾開封的那些印上標誌的紙杯、餐巾等大量庫存貨物，我赫然心頭體悟到一件事情：原來我做的一切打造品牌的努力動作，究其實，只是打造招牌而已。打造招牌，只要有錢就可做，但打造品牌不只是花錢的問題，而是如何建立消費者的印象分數，產品的識別與差異是什麼？

當我體悟到招牌與品牌的千差萬別之後，在那些結束台灣店面生意的日子裡，我不斷思索著，若日後有機會再創事業，我要如何改進缺點、強化體質，從深層且核心的事務上建立眞正的紅茶品牌。日後到香港再度創業，我從每一個細節開始建立企業文化與識別，尤其是我堅信，非從品質內涵先著手強化不可，因爲「相由心生」，外在的形象絕對是出於內在品質的堅持。

第一，從水源的潔淨做起：

幾年前，我讀到一則外電，內容是：英國每日電訊報報導，「美國星巴克咖啡連鎖店內部有個奇怪的規定，全球一萬家店的吧台水龍頭必須一直開著，以免水龍頭孳生細菌。環保團體指控，這項規定每天浪費二千三百四十萬公升的水。每家星巴克咖啡店的吧台後面都有一個水槽，用來洗湯匙和其他用具。根據星巴克的『健康和安全規定』，工作人員不得關水龍頭。星巴克高級主管在回覆顧客抱怨浪費水的信中透露，讓水龍頭一直開著，水龍頭就不會孳生細菌。」當然，這則報導引發的是浪費水源，以及是否有此必要的爭議。因爲除了一般人對水資源必須珍惜的基本觀念外，衛生專家也認爲這種維護健康的作法是無稽之談。

但無論如何，不惜成本維護餐飲安全是身爲業者必要的觀念與用心。我是第一位將珍珠奶茶帶出台灣的人，我知道珍珠奶茶不僅代表我個人的事業，它更代表著台灣。在今天，提到披薩，會讓人聯想到義大利；提到漢堡，會聯想到美國；提到泡菜，自然就是韓國了；提到壽司，無疑是日本的代表。台灣呢？或許有人說是台灣小吃。但是，眞要說出一項可以走出國際的品項，從近年珍珠奶茶在歐洲等地大受歡迎，即可看出珍珠奶茶確有資格成爲台灣小吃的代表象徵。我必須不斷提高這項台灣代表性食品的品質內涵，而第一步就是食用安全。

很多人多會以爲紅茶式茶飲不過是用煮沸過的水沖泡，或是再便宜行事些，在水龍頭下裝個濾水器，簡單過濾即取用沖泡。但我從開始就知道食安太重要了，每天販售出的飲料，一家店至少就是數百上千杯計，任何一杯出了問題，用水不潔，就會衝擊形象與業績。因此，我一開始到香港就非常嚴格要求水的品質與潔淨度，當時每家店平均採取三至五道的過濾程序，就是希望提升水的安全品質。

今天，採用淨水設備應該是每家廠商的基本配備了，但我到中國大陸後，依然堅持這項作法，因此我是最早投資加強淨水設備的同行業者，我的初衷一如星巴克，那就是食用安全與品質，因爲這些細節與堅持，無疑將主宰了餐飲業的形象與生存。

第二，設立研發訓練單位：

在香港我設立了所謂「珍珠奶茶學院」，這是我對內部所建立的訓練研發中心的一種暱稱，它的規模當然不如一般正式學院，但這是我對自己的一種宣示，就是——必須從內部制度與外場經營的每道步驟與程序，開始建立典範與制度。

設立學院，拉長經營縱深

我從軍旅出身，沿用相同的觀念是，商場的競爭觀念與軍隊的作戰觀念如出一轍，前方將士的作戰能力，其實取決於後勤的補給與大後方的訓練。實際上，國際企業也採取設立企業內部訓練學校的嚴謹方式，以辦學心態將所有的員工訓練與後勤管理支援，建立標準化的制式流程。就如，英國政府和教育部門認爲，接受麥當勞公司所訓練、授證的培訓者，和一般的大學畢業學士並無二致。因此，在英國，麥當勞公司將爲一批完成培訓課程的學生頒發畢業證書，這些人將成爲「麥當勞學士」。麥當勞的訓練環境與單位，就被稱爲「麥當勞大學」，以英國麥當勞公司爲例，其所授予的學位，就包括了「漢堡製作」、「鐵路運輸管理」以及「廉價空運」。基本上，將烹飪以及物流的觀念都導入在學習的課程中。而要通過這些學位，還必須先通過名爲MacExam的考試，並且還得精通麥當勞公司一系列部門的運作流程。麥當勞絕對沒有想到，民營業者的訓練課程，竟可成爲國家認可的正式學歷。

企業積極耕耘後勤教育學府的，還有「絕對伏特加」。經營的公司在一九九〇年代初成立了所謂的「絕對學院」，這所學院的成立，除了有利於以教育做爲直效行銷外，還可以教導公司員工與外人相關的伏特加認識。學院的成立，也便於邀請媒體業者、同業工作者，甚至是愛酒人士，參訪位於瑞典南部的歐修斯，加入設計的伏特加課程，深入體驗公司與產品的文化。

無論是麥當勞或是伏特加，都彰顯了一家優良企業必須要有部門或機構，以完善負責教育訓練、企業文化的灌輸，以及產品推出前的實驗室功能。商場如戰場，企業在面對市場競爭時，才有經營縱深，也才是真正地落地精耕。

在我設立的珍珠奶茶學院裡，就賦予相關的責任，從紅茶的製作到面對顧客的舉止態度，我都做了設計與策劃。初期，泡沫紅茶給很多人的印象只不過是間小茶飲店，就像一家街角的小雜貨店一樣，只是買東西的方便場所。但我深感必須拉高它的層次，才能在消費者心中建立可敬可親的形象。所以我要求員工在客人進門時要鞠躬說著「歡迎光臨」，同樣在消費離開後要說「謝謝光臨」。這兩句台詞對一般的店家並不罕見，也不稀奇。但是當年在香港大約僅四、五個座位的小店家來說，這麼做確實可以給消費者不同的印象，原來，僅容旋馬的小店也能有訓練有素的服務態度。

從生活中觀察與學習，一直是我打造企業的重要方式，我以前喜歡打籃球，球賽場邊常見的景象就是球員圍個圓圈，齊聲吶喊「加油，加油，加油！」這一替自己鼓舞打氣的方式，讓我靈光乍現，我就將之引進公司，創立了所謂的「深呼吸口令」。在店裡，我要求店長，只要看到員工出現疲態，就可以隨時由店長帶領，進行「深呼吸口令」，也就是要員工先做一個深呼吸。然後再小聲，以不打擾客人為原則地連喊三次抖擻的呼聲「加油，加油，加油」，並夾雜著輕輕的拍手聲，而顧客總會在不經意中，感到一陣驚愕。但是如此一來，每隔一段時間就會在店裡響起的聲音，彷彿是額外的表演讓店內氣氛活潑，常保朝氣。我也在某些時段加入了「歡迎歌曲」的吟唱設計。例如每到下午五點，即由店長帶領員工將深呼吸口令以及歡迎歌，以列隊的方式演練一遍。這樣的景色，後來蔚為泡沫紅茶店的特色之一。不少顧客就會待到五點，觀看這一幕的演出，就像遊客等著觀賞儀隊操槍踏步、交接換崗一般。

台灣近年經濟低迷，所以有所謂的「悶經濟」說法，而我上述活動的設計則是要打破「悶經營」。因為經營一悶，經濟就會跟著也悶了。從事餐飲業之後，我經常觀摩各式各樣的餐廳，一個發現是：有些店家的氣氛很低沉，原因當然可能是生意不理想，來客人數有限，所以感覺就零零落落。但更多的情況是原本生意不差，服務員卻擺張撲克臉，讓顧客感覺不友善，很敏感的顧客當然日後光臨機會就少，生意一變差，服務生更沒精打采，臉上表情更令人退避三舍，形成了惡性循環。氣氛的活絡絕對有助於提高員工士氣，這些小動作其實有著絕大的影響。

從小細節要求起，從每個制度設計起，我知道會是日後企業品牌形象建立的重要環節。要從小做大，就是要把大物的微小處做好，每一處的環節都可以看出與同業的差異性。

由於經營連鎖制度產業，因此美國的咖啡連鎖龍頭和日本的超商連鎖王國7-ELEVEN等先進業者，是我經常觀摩與對比的取法對象。

星巴克有一段故事是，當星巴克達到十億美元業績時，積極尋求穩定發展的星巴克便和撰寫《基業常青》（*Built to Last*）的作者詹姆·柯林斯（Jim Collins）展開密切合作。柯林斯是有名的商業書籍作者，觀察問題鞭辟入裡，對於勢頭正盛、處在高速成長期的這家欣欣事業，他依舊實話實說，提出了對星巴克的大哉問。例如，他會直抵核心地問：「你們想成為全球最大的咖啡烘焙商，這有什麼了不起？任何人都能做到。由你們來做會有什麼不同？」

可不是嗎，星巴克也許是開連鎖咖啡店最成功的企業，但絕不敢說是最會烘焙咖啡的事業。那麼，歐美有太多資深的百年獨立老牌咖啡店，和這些咖啡名店相比，星巴克的烘焙有什麼差異呢？柯林斯要跟星巴克主管說的其實是：賣的產品固然重要，但企業文化才是一家企業的真正產品。

我經常向公司內部領導們提醒的一句話是：產品就是經營者的化身。經營者不是狹隘地指創辦者個人，而是泛指整個公司的所有同仁。柯林斯的話與我的想法精神是相同的，**一家企業真正的產品其實就是企業本身**。

服務的市場不同，推出的產品就有差異，經營者本身如何定義自家的產品與服務，就會形諸產品與服務的形貌。尤其是，這家企業的文化如何，能否贏得消費者信賴與肯定，同樣也會在消費者心中留下對產品的印象分數。經營者是產品的化身，或更精確地說，企業文化就是產品的化身。很多人可能以爲產品是產品、企業是企業，但其實兩者經常是不可分割的。就如同，如果一家公司的企業文化被貼上了負面標籤，像是血汗工廠，或是黑心企業，那麼推出的產品就容易被無情唾棄了，畢竟市場已經進步到企業道德與責任的時代。

企業形象看似空洞，然其實無價，印象分數能夠建立，就容易贏得消費者的青睞。消費者購買產品，其實也是購買這家企業的信賴文化與經營績效，如果能夠從裡到外都贏得消費者的青睞與肯定，那麼，自家的產品就一定會在顧客心中留下一席之地。消費者的心裡，其實都留有給每種商品的一個位置，3C電腦產品是如此，百家爭鳴的泡沫茶飲品牌也是如此。而這個位置，往往只留給每種商品的第一名和第二名業者。換言之，唯有將自己商品做到消費者心中前兩名的位置，才能建立相對穩靠的品牌地位，而這些過程端賴企業整體後勤的耕耘與努力，才能達到。

員工與顧客的轉換論

當棲息一地後，重點就是要理解環境、耕耘環境，所謂的環境不僅是指地理上的方圓而已，更包括如何面對當地的人群與自己的羊群員工，唯有人與地的兼顧，才是眞正落實在一地的精耕。

在我的上本書《仙踪林闖中國》的內容裡，我曾經提到了一個經營觀念，我將之稱為「員工與顧客的轉換論」。很多經營者在心態上通常會區分內部員工與外部顧客，認為這是截然不同的兩種族群。前者可以算是自己人，後者則是外人。但我從在台灣的經營初期，即有個觀念是，**今天的顧客，可能成為明天的員工**。

那時候台灣最火紅的連鎖店非麥當勞莫屬，麥當勞引進台灣大約三十個年頭。它不僅造成排隊搶購的狂熱景象，爾後也長期成為民衆聚會用餐的重要場域。我那時候在麥當勞消費時，除了看見訓練有素、效率卓著的服務人員接受點餐的卓越速度之外，更觀察到店內的年輕服務生除了可以快速製作餐點外，更負責了店內的清潔工作。當顧客到麥當勞廁所時，牆上就會掛著一張表，上面有不同時段的清潔人員簽名。在顧客川流不息的店內，爲了保持用餐環境的清潔，服務生必須經常性地打掃環境，包括拖地與清垃圾。即若麥當勞是採取自助式，顧客多會將用餐後的垃圾自行放置垃圾桶內，但是服務生的清潔工作也絲毫不馬虎。

我那時覺得這是很值得參考的現象，除了環境的常保清潔給顧客一個潔淨的用餐環境外，重要的是，當年至今，到麥當勞應徵服務生都是學生打工，甚至是一般人就業的熱門選項。這些到麥當勞工作的員工，儘管有教育訓練與公司規定，但在尚未成爲員工前，他們都曾經是麥當勞的顧客，他們早已知道來這裡工作後的基本必做事項。也就是說，他們的觀念裡勢必認同與接受麥當勞的工作流程，並不以打掃是辛苦的、工作是忙碌的而有抗拒心理，簡單說，在他們當顧客時，就已爲日後成爲員工的心理打下了準備，意味著麥當勞的文化，從每個細節就開始影響著進門的顧客。我當時就想，這才是一家有制度的連鎖企業典範。

員工的流動是正常的，但制式化、標準化的訓練可以讓員工與顧客輕易轉換，那麼企業界就不容易擔憂員工的流失率，從而影響了生意的運作。這個觀察給了我日後很多的啟發，我知道要眞正精耕一家店面、一個地區，沒有做到類似的消費環境薰陶、制度流程的標準化與制式化，連鎖企業便不可能眞正獲致成功。

日後從香港的連鎖展店開始，我即花了很大的努力在這方面的加強。我訓練出來的店員，不時被同業挖角成爲店長，但我並不以爲忤，一方面員工有更好的跳槽薪資，是一種祝福；再者也印證了我的訓練確實有成效。如果能將好的觀念與制度率先推出，進而改善整體產業服務，對我都是很大的肯定，也代表我在落實人才的教育上，取得了一定程度的效益。

關於人才的課題，有個值得一提的觀念是，我發現外界有時會對連鎖加盟企業有種誤解。「吳先生，您當初選的行業眞好，連鎖加盟制度，借力使力，等於是自己的品牌經營好，放給別人使用，加盟者也對應地提供資源投入。這比其他的行業制度都來得省事與省力。」事業有些成績後，就有人和我這麼分析連鎖制度。

有這樣觀念的人不少，他們以爲這是一種制度很清楚的拓商模式，因此只要品牌打響、示範的直營店經營成功，後續的加盟者就會自動上門，坐收加盟金。如此一個扼要的簡明制度，並不需要養太多員工，簡單說，這是一種可以以小搏大的發展制度。這樣的印象是一種錯覺與誤解，他們以爲一個加盟店就是一個單獨的營利單位，也就是利潤中心。一旦業務多，人手就請得多，但那是加盟店的事情，與總公司無關，所以會認爲總公司不需要有太多的員工。實際上並非如此，隨著加盟店越多，延伸的版圖越大，後勤支應的人手與專家就要更多，我的公司總部坐落在上海，僅總公司員工人數即突破一百五十名，這在同行中是很少見的現象。但我深信，分工細、專業強，才能成就一間堅實企業。

這其中不僅有財務，也有法務，甚至是金融顧問以及策略顧問等專業人士的共同協助才行，甚至往往在加盟店辦活動時必須與之配合協助，才能帶他們順利上手，再者也才可以貫徹所有加盟店的整體行銷活動的精神。試想，倘若要進行品牌的行銷活動，若有幾百家的連鎖店規模，光是派員輔導講解，甚至一起駐點，配合未來的行銷宣傳活動，其人力的投放有多麼驚人？

許多的運作庶務都需要專責人才的規劃。有一家台灣的同業，副理級以上的幹部就高達兩百人，其中的七成更是來自國內外的一流大學，就可見其對人才與人力的需要。倘若是以大陸的市場需求，就更可想而知後勤人員的龐大與分工的精細程度了。但也只有精細，才能做到精耕。

企業要修的細節學：咖啡與可樂的最佳溫度

其實，精耕的本質就是細節的專注與不放過，因爲魔鬼就藏在細節處，那裡往往就是成敗的關鍵。

每個零售業者都會琅琅上口的一句英文：Retail is retail.（零售業就是細節行業。）因爲以多元商品和消費者親身接觸，當然犯錯與被抱怨的機會也多，所以每一個經營細節都可能影響成敗與口碑。比方說，西方的咖啡店連鎖龍頭就有值得效法的嚴謹精神。就如，星巴克在店裡面所散發的味道香氣，就將之視爲是實現「伸手可及的小奢侈」這個整體目標下的一個小小細節。爲了從味覺上就開始吸引顧客，星巴克除了將咖啡豆直接從袋裡拿出來，一一呈列在陳列架上，好散發咖啡味之外，同時也要求店裡全面禁菸。更細膩的作法是，星巴克甚至禁止員工使用香水，以及有濃烈氣味的洗髮水和護髮產品，原因就是怕影響店內的氣味，其細膩的專注可見一斑。

又如很多人不知道，日本7-ELEVEN店員在櫃檯的找錢方式，也都是經過訓練。因爲有些女性收銀員在找錢給男性顧客的時候，或許會害怕肌膚的接觸，而出現避之唯恐不及的感覺。日本7-ELEVEN擔心這樣或許會傷到男性顧客的自尊，因此，現在日本

7-ELEVEN一般的作法是：把錢放在發票上遞給顧客，原因就是藉以避免和顧客的手接觸；觸感都成了訓練的一環，可見先進企業的嚴謹程度。這些小細節說明了當代的行銷講究五感行銷，也就是消費者的各種感官，無論是視覺、嗅覺、聽覺、觸覺、味覺等都要注意到，這樣才能眞正做到徹底的細節。

細節絕對是成就零售業，乃至所有事業的重中之重。越細膩的講究與堅持，就越能成就事業的核心競爭力。這樣的講究與堅持，甚至有時候在外人眼裡是一種偏執，但就如前英特爾的執行長葛洛夫（Andy Grove）被企管界琅琅上口並屢屢引用的名言：「危機處處的商場，惟偏執者得以倖存（Only the Paranoid Survive）。」

企業的核心競爭力是由龜毛的細膩與不妥協所堆積出來的，從事餐飲業，我自然具備對食材的要求。日本的7-ELEVEN製作高湯所需的柴魚片，在研究之後，認爲以脂肪量較少的柴魚（亦即鰹魚）最爲適合，因此7-ELEVEN指定使用位於赤道附近海域捕獲的柴魚，然後得在鹿兒島的枕崎至少花上三個月的時間製作，哪怕要耗費如此大的工夫，就是爲了製作出美味的上等柴魚乾。爲什麼要如此大費周章呢？就是對品質的完美堅持。

我將泡沫紅茶引進中國時，同樣也堅持其中一些原料必須來自台灣。儘管企業界常說要在地化、要融入當地的飲食習慣，就如麥當勞和肯德基如此美式的速食店，爲了討好與符合廣大中國人的味蕾，也開始推出中式口味的食品。但是，有些本質是不能變的，一變就如可口可樂的故事，可能弄巧成拙，不僅無法建立特色，甚至最大的危機是：當地的業者即可輕易仿效口味，而成了新的競爭敵手。

講究細膩的步驟與原物料，就可以讓自己的產品與其他同業產生差異化，從而建立品牌形象與知名度，甚至成了經典的行業鐵律。比如，這幾年展店迅速、在海峽兩岸擁有極高知名度的85度C連鎖餐飲，經營極爲成功，企業名稱由來即標榜攝氏八十五度的咖啡風味最佳；我還閱讀過的例子是，一九二三年成爲可口可樂執行長的羅伯・伍德洛夫（Robert Woodruff）不僅設定飲料製程的標準，成立飲料機技術學院，教導業務員與販賣人員供應可口可樂最適當的方法，也知道華氏三十四度是最理想的溫度。一杯咖啡、一瓶可樂，以多少溫度來飲用可是蘊藏著大學問。同樣地，創業初期，我就不斷調整摸索奶茶的甜度究竟如何，才算爲多數人接受？

記得在香港打拚時，習慣喝英式下午茶的港人喝不慣較甜的珍珠奶茶。許多的英式飲茶，糖包是另外附加的，客人要加多少自己決定，但泡沫紅茶類的茶飲是將糖添加在內，因此甜度高低很難滿足所有人。

當時，常有客人抱著嘗鮮的心情進門消費台灣新奶茶以後，沒喝完就走了。我發現事態嚴重，我的狹小店面月租昂貴，如果這些客人不能成爲回頭客，那麼我很快就得鎩羽而返了。如第一章提過，我和妻子兩人經常拿著客人的剩茶到廚房飲用，一心要找出客人無法暢飲的問題所在，知道這段故事的朋友形容我是臥薪嘗膽，終於反敗爲勝。當然談不上這麼悲壯，而是經營事業的人或許都該有追根究柢的精神。

喝客人剩茶我並不以爲忤，事實上至今如果還有類似的狀況，我也願意端起客人剩茶喝喝看是否品質出了問題，才使客人沒有一飲而盡。年逾八十歲高齡、擔任SEVEN & i控股公司執行長鈴木敏文，成功地將7-ELEVEN這個源自美國的品牌，發展成亞洲最大、全球第四大的零售王國。雖然貴爲執行長，但是長達三十多年來仍堅持每天試吃7-ELEVEN便當，原因就是透過親身體驗，才能發現商品缺點，進行改正。鈴木先生甚至在週末，也會帶試吃品回家與妻兒分享。企業領導人長年親身試吃，這是多麼強大的堅持與毅力，但也正因如此，才能立即發現問題並予以更正。

我也因爲喝客人剩茶，而後經過一段時間的摸索，才大致有了概念。同時，隨著日後的生意起色，必須要在快速時間內就得調製出口味適中的茶飲，以因應進店的人潮，於是我特別打造了所謂的「糖度計」，也就是一瓢舀下去，取出多少糖才是合宜的一種量度的湯匙，另也設計了一種瓢子，每舀一杓的冰塊是多少顆，目的就是讓製茶過程得以標準制式化，以增進效率。我知道日後延聘員工調製時，工具將成爲快速與效率的利器，從而能讓員工快速上手，形成即戰力。當面對了一個問題，就會激發自己想出解決之道，而這往往就帶來企業的進步與創新。

每進駐一處據點，每放牧到一塊水草之地，都是機會，但也都有風險，天候、溫差、水質、敵人的出沒，都是決定能否在一處安身立命的長存關鍵。來了，也可能不適應，或是競爭不過敵手，結果又走了。「既來之，則安之」，是老祖宗教我們的隨遇而安觀念，但在商場來說，尤其是連鎖制度的開拓版圖，要安之的唯一心態，只有好好耕耘，做好準備，用心面對市場，才能眞正不辜負這句名言的古老智慧。

CHAPTER 5

羊毛理論

「羊毛出在羊身上」，一杯飲料的定價包含的是各個環節的服務，「羊毛理論」就是我追求的服務內涵，一種關於包裝產品定價和企業形象的價值思維，要知道顧客的需求，更要提前滿足這樣的市場需要，並且做出符合定價的服務。企業的真正價值，不來自於設備與硬體，而來自於在整體的服務提供上是否與時俱進。

「為什麼我們店裡的一杯奶茶要賣十七元人民幣？」在與同仁和加盟商開會時，我這麼問他們。

「因為我們是開店營業，不是路邊攤販，當然成本高定價就貴些。」一位同仁理所當然地回答。

「好，那為什麼不是十二元，或是十五元呢？這價格有什麼涵義？」我再問。

「我猜想這是因為我們要參考對手的價格，賣咖啡的店定價一杯若是十八元的話，那麼我們的價格稍低些就會有競爭力。」一位加盟商試著回答我的問題。

「那咖啡店為什麼要將一杯咖啡定價十八元呢？」我繼續追問。

台下一片沉默。沒有人繼續回答。

「無論是咖啡或是紅茶，定價中的每一分錢都是經營成本的一環，今天的店面裝潢可能分攤在每杯飲料裡就酌收兩元，服務生幫你拉個椅子就值五毛，餐桌上供應的紙巾又再加個一元，讓顧客在店裡小聚使用空間就再增加個三元……，林林總總加起來，姑不論飲料品質，這杯路邊攤只賣五元的飲料，店裡就賣十七元。」我向在場者說明。

「我知道了，羊毛出在羊身上嘛！當然服務成本環節多，顧客買單的價格就貴了。」聽到羊毛理論，台下都笑了。

「不是，你們誤解我提問的本意了。」我認眞地回答。

我有個「羊毛理論」經常與企業同仁共勉，就如上述場景對話，那就是罐裝或是路邊的咖啡爲什麼低價，而店內咖啡憑什麼一杯要賣一百元？它的成本可能只有十元，但的確，當店家提供座位、當店家花了時間與成本訓練友善的服務人員、當廁所明亮清靜，每一個環境都分別爲這杯咖啡加了不等的成本價格，整體的軟硬體服務加總的結果，就是一百元的售價。所以會有加盟商不假思索地回答我，這就是所謂的羊毛出在羊身上的成本轉嫁作法。但若把定價與羊毛論以此角度思考，那就負面與狹隘了。

一般的企業經營者確實都會從成本的角度來解讀定價轉嫁消費者的原因，但我不以狹隘定義來詮釋。我要和同仁說的是：**要對得起一杯泡沫紅茶的定價**。如果我們同意定價是來自各環節服務的加總結果，那麼說起來，任何一個環節的服務做不好，不就該退部分的金額給顧客，以示抱歉嗎？換言之，**定價是對自己店家的服務肯定，反過來也是自我要求的總體檢視**。在這樣的理論下，把泡沫紅茶帶進優雅的環境，提升檔次，不僅是我當年思索如何有別於台灣初期同業的經營模式，也才能眞正建立不俗的產品與企業服務形象。這或許也是很多服務業者，在做好服務之後，理直氣壯再加收十%服務費的理由。

有人會說，這就是商品包裝後的價格。誠然，羊毛理論的重要核心之一確實得涵蓋「包裝」。每種商品，乃至企業形象，都需要透過裝潢與包裝予以提升，贏得認同。

說個北京經驗。

煎餅是一種非常傳統的食物，無論是台灣或大陸，在平底鍋上倒點油，翻著揉好的麵糰，再加點蛋的古早食品，是兩岸很多人的共同味蕾記憶。印象中煎餅的攤販身上有著油漬，一雙手既忙著煎餅，也忙著拿錢找錢給客人，有時候攤販有家人幫忙，就這樣做著小生意餬口維生。這些傳統的味道讓人不能或忘，但是有些愛好乾淨的新一代，或許就不能忍受一雙既翻著餅，又拿過錢的手，也希望如果能坐下好好享用，該有多好。

北京有個店家就將傳統的煎餅完全現代化，除了有乾淨的店面用餐外，服務人員也穿著乾淨整齊，煎餅師傅更是帶著手套工作。因爲生意蓬勃，有些企業一訂購就是幾百份上千份，包括煎餅加上豆漿。這家公司爲了外送這些龐大訂單，竟然是以保時捷、賓士等名車組成的車隊運送。再想想畫面，以時尚的酷炫車隊運送傳統小吃，是的，這可能是一種行銷宣傳手法，但卻也是產品的包裝方式，成功引起關注，而包裝本來就是整體服務的一環。店家的煎餅套餐並不貴，但基數大，利潤就可觀了，著眼的當然是，當中國大陸數億的中產階級興起，講究體面與檔次的龐大消費需求就會出現。

歸根結柢，消費者是否買單認同，將取決於店家提供的整體服務總和。舊瓶裝新酒的煎餅如此，泡沫紅茶產業亦復如此。售價的本質應該反映服務內涵，但並非服務提高就一定得漲價，實際上，以更多更好服務贏得認同、帶來更多消費者之後，反而業績成長更利於店家壓抑成本，從而就可回饋顧客了。

延續著羊毛理論的服務內涵，如果店家要漲價，或是不漲價但卻提供更高的「性價比」，讓顧客有物超所值更高的滿足感，其前提就是要知道顧客的需要是什麼？且要如何提前滿足這樣的市場需要？朝著比顧客更早理解需求的方向經營，就是我勉勵同仁的經商哲學。要做到這一訴求，就必須觀察與理解市場。

閱讀市場，閱讀城市：從「慢活」進入「快活」

理解一地小市場並不難，但是理解廣大的市場就不容易了。我有個作法是，無論台灣或大陸，每逢連鎖加盟展覽舉行，我都盡可能地準備參加。尤其在事業草創時期，我更是無役不與。除了可以透過盛會認識同樣採行連鎖制度的各行各業以外，還有一項更重要的目的，那就是蒐集市場資訊。

以泡沫紅茶這樣的微型起步企業來說，斷不可能立即有能力進行具規模的市場調查，以做爲自己改進的參考標的。儘管在店裡面也可以透過與顧客的互動，不時了解他們對產品的意見，例如茶飲太甜，或是某款茶飲的口味有了偏差，讓公司內部理解消費者的偏好趨向，然而發展初期，店面畢竟只局限少數幾地，從來客的當面互動得來的資訊，多半僅限於當地的住民。換言之，沒有廣大的不同源顧客資訊得以參考。相對地，一旦參加展覽，就會有各地的民衆或來參觀，或有意加盟某一行業的公司，這時會場上的來客就是出身大江南北的民衆了。只要他們來攤上試飲，就能夠有更具參考價值的多元意見。例如，內陸省分四川的民衆，可能覺得茶味太甜；而來自東北吉林省的民衆可能不想試喝，因爲攤上的熱飲種類太少，來自酷寒地區的他只想要喝喝熱茶。這些歷次蒐集而來的「街頭意見」，對當年無力斥資進行市場調查的我，發揮了粗略理解中國廣大市場的極大功用。

除了盡量參展，取得第一手資訊外，另外就是進行「田野調查」，亦即利用街頭巷尾的走訪，來細膩地認識一地的消費趨向。

我進軍中國的第一家開設在上海。上海的人口與台灣相仿，也是台灣人移居與工作的重鎭，某種程度來說，台灣有販售的產品，這裡都可以買到，可以稱得上是小台灣。

我從事餐飲，很關注的是飲食的動態，但我覺得有一點比較奇特的是，在台灣街頭巷尾林立的早餐店，上海很少看見。當然也有些台灣早餐品牌進駐上海，但相較台灣品牌廝殺的白熱化競爭，這裡彷彿是西線無戰事般地冷清。

閱讀市場是融入市場的關鍵，我推測的原因是，只經營早餐時段的早餐店，微薄的利潤可能很難應付飆升的店租。再者，台式早餐店完全是手工業式的經營方式，無論是要一份總匯三明治加一杯熱奶茶，或是黑胡椒鐵板麵加一杯溫咖啡，都得仰賴老闆一鏟一刀地親手而為，加上工讀生協助送餐與收拾桌面，顯然這是個很難倚靠機器協助的生意。尤其是在上海這樣的都會區，路人的腳步快速，一早趕著搭地鐵或公交車上班，確實很難停駐段時間好好享用一頓豐盛早餐。從經濟不發達的「慢活」步調，進入到經濟高速飆升的「快活」節奏，加上近年中國房產價格與租金的陡升，營業時段有限的台式早餐店將很難負荷成本的壓力。所以販售價格上多會高過台灣的水平，例如有家台灣人開設的早餐店，在台灣五十元台幣的總匯三明治，上海的售價則是一百三十元；還有家台灣從事早餐店的業者進軍上海後，即轉型成西式餐廳，店內賣的漢堡也不再是親民的價格，而是走中價位的路線了。

環境的變化影響的當然不只是台商進駐，也影響上海傳統的早餐店。許多賣豆漿燒餅油條的老字號傳統口味也都沒落了。當然會有一些早期的進入者，如永和豆漿連鎖店等，但有的業者已然茁壯，可以抵禦高漲店租的壓力。你或會問，那上海人早餐怎麼解決呢？除了自行攜帶以外，現在到上海一些據點也能看到餐車，許多人排隊購買帶著上班。這是上海市政府推動「早餐工程」計畫，儘管形式上也是流動攤販，但趣味地形容，加入經營者可以說是「奉旨行銷」，因爲是領有政府發放執照的。當然也有些店面加入，但數量上仍以行動餐車爲主。

我常開著車在上海的街頭小巷觀察，這一現象就印證了前述的上海人從慢活到快活的生活型態轉變，同時，店租的高漲象徵著日後在這樣的都會區要經商的成本將越墊越高，也越來越不是小生意人玩得起的地方了。而這一情況給我的驅策效果，就是盡快推出外帶式的茶飲店。

原先，我在中國的經營是以內用店的模式爲主。就像台灣的紅茶店，除了喝茶吃飯，還可以聊天聚會，是個放慢生活腳步、經營休閒氣氛的地方。但就如台灣的紅茶經營變形之快一樣，各種型態的泡沫紅茶開始出現在台灣人的眼前。比如天仁茗茶，這家原先以賣茶葉禮盒聞名的老字號店家，現在一些門市，如陸客經常前往一遊的台北西區，就有天仁茗茶的店家在門口設了一個小專區，隔著玻璃販售起外帶的各式冷熱茶飲。就如台灣密集度世界第一的便利超商，也早更改裝潢打掉牆面，開了個與外接觸的窗口賣起咖啡，甚至思樂冰，這都是爲了經營流動的過路客群。

在餐飲領域，有些台灣的經營型態領先大陸幾年，顯而易見的是，中國日後也將有同樣的經營型態。當我看到流動早餐車在中國上海盛行，以及台式早餐店竟在中國相對罕見，基於此，我閱讀的上海市就出現明顯的流動商機，因應的作爲就是加快外帶式店面的布建；企業旗下外帶式品牌「快樂檸檬」（happylemon）泡沫紅茶店的誕生，就是在這樣的時空背景下推出；另一推出的原因是，關鍵機器的掌握。若我要做到第一杯紅茶與第一百杯紅茶的品質口感一致，除了服務人員的訓練之外，利用泡茶機器輔助所帶來的標準化與效率化，也不可或缺。因爲產品要做到規格化與大量化，機器的協助扮演關鍵角色。

從國際餐飲知名品牌的發展經驗與世界潮流，我的觀念是：**連鎖加盟店營運方程式應是「產品專門化＋操作簡單化＋品質穩定化」**，產品專門化指的是，專注在本業，所以我的品牌基本仍是以茶做爲主要商品，而後兩者，除了人員訓練的扎實外，其他就得仰賴機具的輔助了。尤其外帶式店面，機器更是扮演重要角色。因此在其他品牌林立情況下，早就有人好奇我爲何沒有開設外帶式紅茶店加入競爭？原因即在於此。如果過路的消費者無法快速且品質穩定地取得飲料，那麼外帶式門市只會破壞自己的品牌。

等到我確實找到一家開發沖泡機具的廠商，與其負責人經過長時間不斷溝通嘗試，且歷經無數次的試用，終於可以在各門市大量使用，做到了工欲善其事必先利其器之後，才敢正式推出外帶式的紅茶店——快樂檸檬。經過幾年的市場印證，也確實獲得了極佳的銷售成果。至二〇一四年，快樂檸檬在中國大陸突破五百五十家分店，遍布上海、北京、香港等四十個城市，跨足韓國、新加坡、澳洲、菲律賓，並即將進軍美國、日本等國家，並在二〇一三年也回台灣開始展店。

媒體與朋友常會問我：經商中國大陸最難是什麼？我覺得就是時機。拿捏時機是很難的，太早與太慢的下場都是陣亡，剛好的時間是不容易掌握的。除了時機以外，另外的經營關鍵是必須時時刻刻想著「需求」是什麼？這也是快樂檸檬推出的考量之一。

兩種消費心理：滿足需求＋創造需求

Q：先有市場，後有商品，還是先有商品，再打造市場？

這個問題是經商時自我定位、贏得商機的大哉問。

以經營現況來說，中國式的茶飲店無論是早年的茶樓，再到爾後的美式或歐式的下午茶餐廳，基本上都是在固定地點的進店消費模式。

國際知名創新大師克里斯汀森（Clayton M. Christensen）曾經提出創新的兩種模式：一是「維持型創新」，另一是「破壞式創新」。前者指的是，在既有的基礎上，採取逐步改進的方式，藉以維持進步的空間；後者則是以顛覆性、革命性的全新思維，完全改寫了既有產品或是服務的新穎模式。

維持型創新，並不是錯誤，而是在能力或視野不足情況下，所做的逐步修正。然而，漸進的修正很可能過於保守，幅度不夠大，導致一旦市場的競爭者研發出「破壞式創新」的競爭力時，就會顛覆現狀，取代現存者的商場地位。麻省理工學院媒體實驗室的創辦人尼葛洛龐帝（Nicholas Negroponte）的說法是，不要落入一點一點改革進步的保守心態，而是儘可能大刀闊斧改變，甚至將改變一步到位，越保守就容易越緩慢，從而送給了對手可趁之機了。

尼葛洛龐帝認爲：「漸進主義是創新的最大勁敵。」所以徐圖緩進式的改變，我擔心以中國市場變化之遽，新進競爭者仿效之快，優勢很快就淪爲劣勢了。

若此，那麼茶飲企業的「破壞式創新」應該是什麼？

回到開始的問題，「先有市場，後有商品，還是先有商品，再打造市場？」前文提過，「市場永遠是對的，哪怕它錯了。」我很喜歡這句話，因爲它擁有令經商者深思的無比意涵。先看到需求市場，再提供相應的商品，供需配合，就能達到經營獲利目的。但反過來說，若能領先市場推出原先未曾被經營的需求，那就是開發了新的市場與商機，當然，這必須冒著市場完全拒絕接受的風險，以及投入成本的巨大損失。

我是將上述的問題簡化來看，其實經商只有兩種思維：一是「滿足需求」，亦即針對現有市場的需要，提供滿足的服務與商品；其二就是「創造需求」，打造出前所未有的領先服務與商品。

如果我停留在滿足需求階段，就如繼續經營座位式的仙踪林連鎖店，當然也仍然可以發展下去，只是，企業就難永保新的刺激成長動力，只徒在裝潢、飲品的口味推陳出新，甚或是店址的精挑細選，這些固然重要，但恐怕只是落入「維持型創新」，不過是在原有的基礎上再做精進而已，進步有限。甚至可能因進步緩慢、鈍於市場改變而有落敗危機而不自知。因此我想的是，如何在我既有的商業模式裡面出現「破壞式的創新」。於是那時候，就開始了以上我個人戲稱爲「閱讀城市」的私下積極活動。

是「走出」，不是「出走」：小市場，大競爭

我的閱讀城市行動是長年進行的，不僅中國，更包括台灣，乃至於我到世界各地旅行參訪時。就兩岸來說，因有著共通的文化與習慣，吃著同樣的中華食譜，原就具備相當程度的相互參考價值。因此，台灣的經驗、機會，乃至於困境，其實與中國大陸常是密切連動的。所以眞要閱讀市場，就要深刻理解甚至比較兩岸的相對性。

長期往來於兩岸發現，一般人對兩岸的印象是，台灣充滿創新與活力，但先天市場狹小，發展有限。而中國市場挾著經濟的大步躍進，呈現「井噴式」的跳躍發展，且學習和模仿力強，幾乎占盡了經濟學上「比較利益」的優勢。單就市場大小相比，僅占中國千分之三面積、人口比例五十七分之一的台灣固然毫無優勢可言，但上述印象中很貼切的是：台灣的活力與創新非常可觀。在狹隘競爭的小市場要想求生圖存，沒有一點眞本事與實驗性質的精神，是很難生存的。因此，台灣商場白熱化競爭下的生存模式，就是極具參考價值，亦是具體而微的市場發展指南。市場小並不足憂，如果這個小市場是個商業化極高且創意不斷的市場，那麼反而具有更高的商業價值。

小市場的生存之道，是我一直很感興趣的課題。我進入香港後，親自體會了市場雖

小卻依然蓬勃發展的榮景，說明了市場小未必就勢不可爲。有一年我走訪歐洲，也發現了同樣的道理。衆所周知，北歐國家人口不多，像是冰島僅約三十萬左右的人口，芬蘭人口也不過幾百萬。但是芬蘭之前一樣可以出現像諾基亞（Nokia），甚至後來的推出憤怒鳥遊戲的世界知名公司。

我後來從書中理解到，對北歐國家而言，他們的商人知道在自家國內的小市場生存，商機有限，所以他們太熟悉一定要走出自己國家，然後全球征戰的生存道理。

但他們也沒因此忽視自己的本土市場，如果自己的國家擁有最熟悉的市場環境，這是「舞台雖小，卻也意味廝殺最激烈」的嚴峻考驗，而他們的想法就是：將本國小市場視爲商品的測試場。一旦通過市場考驗爲消費者接受，就形同有了爭戰全球的信心門票。北歐人民素質與生活水平極高，若通過了挑剔嚴格的眼光，商品就可以走出國門行銷世界了。如若能有這樣的想法，小市場連結的就一定是大市場，也就不會老擔心廠商「出走」，掏空經濟，反而是廠商「走出」，壯大台灣了。

不要憂慮本地市場太小，若將它當作全球市場的先行民調訪問測驗，甚至將它當作企業的中央廚房所在地、研發創意中心，從而就會脫離保守的視野，願意築一座對外的「橋」，而不是阻擋封閉彼此的「牆」，如此一來，心態與想法就截然不同了。台商就應該這麼思考，台灣經濟發展早，民眾的水準高，尤其同業競爭激烈，若能脫穎而出，就像過了十八銅人陣後，少林弟子便可出師下山，行走江湖了。

一個進步的商業社會，是不斷創新且在發展上持續進步。台灣，與世界經濟接軌較早，很早就從農業跨入工業、商業，現在走到了服務業占主流的時代。服務業競爭激烈，要想生存就必須別出心裁、出奇制勝，而台灣的歷史背景更使得此處的服務業融合了多元文化的精神與特色。好比我所觀察的，台灣出身的連鎖業者基本上同時涵納了美國式的簡單＋日本式的細膩＋台灣式的熱情，這些混血特色就如商業DNA，深植在台灣業者血液裡，因此台灣擁有一定的競爭利基，不該妄自菲薄、害怕競爭。

可能有人質疑說，熱情友善已經是許多店家服務時的「基本配備」了，台灣有優勢嗎？實際上，我常認為服務有兩種：一種是假服務，一種是眞服務。前者就像是刻意要求出來的微笑與禮節，這是一種「要求式的服務」，這類服務有點皮笑肉不笑的味道，其實未眞正擄獲消費者的心。但後者則是會在一些很純樸鄉下小店看到的服務，可能是位老店家熱情地招呼上門的左鄰右舍，他的笑容是自然而眞誠的，這才是發自內心的眞服務。台灣的業者經常可以看到這樣的服務精神，而這就是有競爭力的眞心服務，說穿了，就是表現出人的「溫度」。這一差異即是我灌輸給同仁的課程，服務必須發自內心，待客如親，而台灣給舉世的印象正在於此。

不僅如此，台灣的優勢還有靈活。提供服務的商家想贏得消費者的青睞，因此必須提早爲消費者設想需求，在消費者還沒想到之前，就已推出服務。如果，地小人稠的台灣在空間上不具優勢，畢竟店租高、開店的好地段尋求不易，因此產生的變通模式，就是坪效要高，甚至是不需空間或是差別收費的經營模式。

如我觀察到，台灣有些店家發展出不同的收費標準，就是從消費行爲做思考而設計。有家海鮮店，標榜著在店內「座位區」用餐，和在「站立區」點餐，兩者費用不同；依照不同食材，後者的較前者至少節省三成以上。理由當然是店內座位有限，而站立的消費者相對辛苦，倘若他們願意站著點餐用膳，給點價格優惠自屬合理。而省錢的消費者只要覺得物超所值，當然很樂意店家推出如此差別收費的消費模式。

台灣也有壽司吧採取類似模式，消費者直接站在壽司吧台外，然後壽司師傅站在吧台內，然後隨意點餐並可和師傅交談，師傅將顧客點選的壽司食物直接置放台上，顧客甚至徒手就可以抓取食用。付費的標準，則有各種設計。無論是所有食材都採均一價，或是計算盛放食材的小碟子數目，之後再依數量計價，這些都是技術問題而已，重點是：「站食」成了另類的消費模式，推升了新的業績。

或許有人以爲這是一種重視荷包、省錢一族的克難消費模式，也許，但是若將視野放到歐美的咖啡館，可能想像就有不同。站食這種觀念在歐美的咖啡店早已有之，想像一下：一間偌大的咖啡館，內部有傳統座位區，也有靠著落地窗的立食區，你進了店並不想坐著，想站一會兒，這時就可選擇消費便宜的立食區，端著一杯咖啡優雅地站在窗前欣賞美景，既有益健康，且不也是另種愜意嗎？

是的，外帶比內用便宜就收費行爲上並不罕見，但是在同一空間卻分兩種消費價格，那就是一種創新了。我們都知道，如果購買火車票，有座位的和站票的價格是不同的，但將之應用在餐飲業，倒還不是很普遍的原則。台灣在餐飲的觀念上，就是如此不斷推陳出新、勇於嘗試，從商業先驅者來看，確實每每回台灣，都能帶給我新的想法與靈感。

台灣是小市場，但卻是不折不扣的標準白熱化殺戮戰場，流通業就是典型的代表產業之一。在台灣提到流通業，就以便利超商爲主流。管理學之父彼得・杜拉克（Peter Drucker）說過：「流通通路領域是經濟成長最後一塊黑暗大陸。」換言之，誰能照亮這塊最大的黑暗，誰就能獲得最無可限量的業績成長。而我絕對可以這麼說，台灣的便利超商競爭火熱景況，絕對可以做爲全世界流通業取經的經典教案。

根據二〇一四年開春後的統計，台灣前四大超商品牌的總店數已經達到一萬家，排名第一的7-ELEVEN，就近五千家。這是一個非常驚人的數字，以台灣購物的方便，還能容納短兵相接、近身肉搏的萬家便利超商，這中間的商業學問與經商心法擁有非常值得深究的啟示。以台北市的大安區爲例，就有高達一百六十三家便利超商，這種三步一小家，五步一大家的驚人密集度，比鄰而居的短兵相接，對手不在轉角、就在對門，很多商業分析當初萬萬沒想到，小小的台灣竟可容下萬家的便利超商。好了，問題來了，如果方圓一公里內的人口要養活個七、八家超商門市，除了設在黃金地段的轉角以外，如何充分利用每一吋的店面空間，掌握消費者快速購買的時間與有限耐心，就成了空間以外的關鍵致勝要素。來台灣的遊客都可以發現，許多便利超商的櫃檯旁就開了個大玻璃，很簡單，目的是服務外帶客的需要。想點杯咖啡，或是思樂冰，無需進店，就可直接站在窗外購買。

結論是：如果客人不需進店消費，就可讓顧客買單，那就節省了多少的空間要求，提升了多少的坪效呢？同樣的思維應用在中國，我深信，台灣有著許多先驗且可貴的市場課程，今天中國的一級城市，乃至日後的二、三級城市，都將步入的模式是：坐著吃與帶著吃一樣重要。原因是，生活步調變快，耐心有限，「吃＋空間」的組合，將某個比例的消費族群讓給「吃＋時間」，於是，外帶式的消費就成了我推廣茶飲市場的重要一步。在這樣的思維下，我成立了快樂檸檬外帶式茶飲，提早一步進入「創造需求」階段。

是的，也許看起來並不獨特，也許你還會說，很多傳統街頭巷尾的小吃攤其實早就是外帶模式，因爲他們根本沒有店面可供坐下消費。沒錯，但差別是，當遊人如織、熙來攘往的路人排著隊等候時，學問就不小了。外帶式的經營，既然是爭取行經的過客，所以要講究快速，且品質不能有落差。否則求快卻品質不穩，一樣會流失大半的客戶。這是現代化的外帶店可以大量化，而傳統小吃攤僅能固守街坊一角的原因。先放下品質的探討，從每家店面都渴求的排隊聊起，如何人多卻不亂？分享一個台灣小故事：

曾經是世界第一高樓的台北一〇一大樓，頂樓上有「觀景台」的設計。登高望遠，俯瞰市區，是許多觀光客來台北必到此一遊的高點。

在台灣開放陸客觀光之後，原本虧損的台北一〇一開始轉虧爲盈，且在經營團隊的戮力經營規劃下，業績獲得不小的成長，而呈現大幅成長的旅客，也帶來了可期的商機。在旅客、遊客造訪的推升下，觀景台每天的參訪人數即高達六千人，其中有一半是陸客。

觀景台視野雖好，也有尚稱寬敞的空間，但問題是面對突然激增的人潮，該如何因應？一〇一的經營團隊加強了輸送系統的設備與規劃，但排隊登高的人龍，依然是充塞在有限的空間。排隊，當然是每個經營者樂見的畫面，那畢竟代表生意興隆。但是，排隊的缺點是，秩序必須維護，且重要的是，排隊太長往往影響其他旅客的加入意願，可能會流失不少的生意。尤其是，當遊客花了好長的時間排隊，就相對剝奪了這些人可能在其他頂級專櫃消費的時間。如果是觀光團的客人，在參訪時間限制下，這種花時間排隊，卻沒花時間購物的現象會更明顯，對於一〇一的營業成績自然是不利的。

排隊很好，但這麼算起來，排隊似乎又不好了，那該怎麼辦？一〇一經營團隊的辦法很簡單，就是以叫號系統因應。利用廣播系統，讓參訪者知道目前上樓的號數是多少？自己就可評估還有多少時間可以利用？這樣既能減少排隊的人潮，客人也可能將時間用在購物上。一個簡單的設備與作法，就解決了問題。

號碼機現在已經很普遍了，許多外帶式飲料店都是基本配置，它解決了排隊可能混亂的問題，也讓外帶式經營有了更好的說服力。下一步呢？

我想的就是外帶式飲料的模式下一步可能是什麼？當從「吃＋空間」蛻變到「吃＋時間」，未來的「吃」又要加上什麼？

紅茶的未來學：吃＋雲端

日前看到一則報導，或許和我的想法有了不謀而合的呼應。新聞提到，在中國有個賣餅的小吃攤，生意不差。消費者除了鍾愛其口味以外，也對其付費方式感到方便，因爲攤子老闆就在餐車上掛了一張紙，紙上就是QR code。是的，就是拿手機掃描或拍照，就能連上產品介紹並且付費的最新方式；又如到了美國，也會發現很流行，販賣著韓國、日本或是印度菜的街頭餐車，流動餐車主人懂得將今天的所在位置以及菜單，藉著推特（twitter）與消費者直接聯繫，以替自己加大曝光機會。

得以上網的智慧手機已經是現代人的生活儀表板，凡能連上手機，就有無限的方便與接觸人潮的機會。如果路邊買個餅不需付零錢，而是直接掃描從消費者的儲值中扣款，這就讓沒帶零錢、望餅興嘆的人有了購買的動機，也讓「個體經營」的老闆省下太多找錢的時間與精神，而可以全副精神好好做餅了。我看著這些趨勢的發展，立即聯想到台灣很多巷弄偶爾會發現的「誠實店」，這種家店家在店內放個錢筒，上頭寫著：

「買好物品後，請自行投錢」，或是放著銅板的「請自行找零」等告示。這樣的店家相信顧客，讓他們購物後自己付錢、自己找零錢，同樣地，也省下了店東的找錢時間。精神相通，只是有了新工具的出現，讓誠實店可以無所不在了。

可不是嗎？不僅是個體戶的經營要重視科技帶來的新趨勢，企業更沒有理由忽略時代的發展。前文提到的台灣連鎖業者「一茶一坐」，同樣也搭著微信的平台，連結會員訂換商品，並且利用微信地圖功能，來替自己的企業爭取更多與消費者親近接觸的機會，其甚至推出電子餐單，在重要節日之前，就可預知已經賣出幾千份的套餐而預做準備。

台灣也在推行所謂的第三方支付，亦即在買賣雙方之間的付款與取款行爲中，有第三方負責買賣雙方的安全購買行爲，買方可以透過先行儲值的方式，然後待手機刷卡付款後，即可從儲值中扣款。第三方將保證買方付款順利，賣方送貨後的取款也順利。簡言之，日後只要有一支手機，即可完成購物行爲。

換言之，在新的軟體功能帶動下，商品的類型爲何不重要了，可以是高價的物品，也可以是路邊攤的小吃。電子商務在完成付款的革命之後，實體的食品也可以加入虛擬經濟的行列，泡沫紅茶當然也可以。這不僅是替外帶式飲料店帶來新的契機，同時對座位式的店家也一樣有莫大的影響，日後進店消費前可先透過ＡＰＰ軟體預訂座位，並且預訂餐點種類，時間到進店用餐完畢後，可直接掃描或是登錄扣款，不必店員親自核算結帳，便可滿意離去，這對店家與消費者都是雙贏的便利性。

這樣的發展不啻預示了食品業（包括泡沫紅茶產業在內）的未來學。管理學之父彼得・杜拉克曾經這樣定義過創新：「創新可能表現在更新更好的產品上，或是提供新的方便性、創新需求上；有時候則是爲舊產品找到新用途。推銷員可能把電冰箱推銷給愛斯基摩人，用來防止食物結凍，這樣的推銷員和開發出新製程或發明新產品的人，一樣是所謂的『創新者』。」

的確，每家企業的經營者都知道創新的重要性，但創新未必是來自顛覆性的新穎產品問世，而可能只是某個商業流程起了更好的改變。杜拉克說的就是這樣的道理，每一步驟的優化都是可欲的創新。準此，如果付費的方式創新了，消費模式改變了，身爲茶飲業者也必須跟上時代，才能保持企業的時代性與競爭力。

試想，通常一家外帶式的茶飲至少都有兩、三位外場人員的配置，有人負責接受點餐，有人負責製作茶飲，有人還在門外招呼。但若客人直接掃描而省卻付錢找錢的互動，既能加快生意的流程，也給予了消費者更大的方便。任何可以提升經營績效的工具與方法，都是創新。而做生意就是要保持創新，滿足或創造消費者的需求。這才是文前的提問答案，真正的無形價值在於滿足或創造消費者的需求，否則開設再多的連鎖店其實價值意義是十分有限的。

閱讀紅茶指數：另一種庶民指標

經營市場很多時候並不需熟悉高深的經濟學理論，只要多閱讀市場，多留意生活的細節與消費樣態，就能一葉知秋、見微知著，窺視民眾消費能力的好壞，從而就反映了生意經營的榮枯，尤其小本生意更是如此。

從小地方觀察，是我初步理解一地市場的習慣作法。我就有所謂的快速參考指標，比如：我常從一地「計程車的起跳價」來解讀市場消費水平。起跳價是中產階級的經濟指標，能坐得起計程車就代表至少有消費的餘力，若起跳價低，代表當地消費能力可能相對有限。另外，計程車數量的多寡以及載客率也是觀察指標之一，如果計程車不多，大概該地的經濟仍不發達；而若載客率低，就代表花得起錢的民眾有限，不是經濟落後，就是經濟陷入不景氣，寧願搭乘大眾運輸工具。

我的快速參考指標還包括所謂的美女指數。美女指數並不是指一地的美女有多少，而是指會用心穿著打扮的美女多不多。如果，女孩懂得稍微裝扮自己，就代表這是一個注重品味甚至是休閒的都市。畢竟商場上說，小孩與女人的錢最好賺，從女人投入打扮愛美的程度，也不失爲初步判斷經濟的依準。

不從學理上的經濟名詞與數據來理解市場經濟與產業，在國外也有許多類似的民間觀測指標用以理解經濟景況。比方說：紅酒指數。

紅酒指數，或更清楚的說法Liv-ex 100紅酒指數。英文是「Liv-ex 100 Fine Wine Index」，這項指數是由倫敦國際酒類交易所嚴選一百支紅、白酒的中間價，再乘以產量加權計算，被視爲是具公信力的葡萄酒銷售指標。

眾所周知，頂級的紅酒價格高貴，一般來說，紅酒愛好者也多屬金字塔頂端的富人階段，所以紅酒指數又被視爲「有錢人指數」。指數的高低，便可看出上流社會消費意願與動態。如果指數偏低，代表連有錢人的花費都保守了起來，經濟的景況自然可以略窺一二了。

從消費的項目來理解購買者的經濟能力，從而也推論大環境經濟景氣的良窳。國外的紅酒指數，當然不能完全取代嚴謹經濟學的觀測指標，但以生活用品（如紅酒）來做觀察，遠比冰冷生硬的經濟數字來得「易懂」與「易感」。紅酒如果是從有錢人做出發理解，那麼也有其他的消費項目更平民化，例如豬肉指數等等。

國外的紅酒是歐美人士生活當中的重要飲品，所以有著一定程度的參考價值。但相對來說，對東方世界、尤其是華人文化，我認為倒是可以出現所謂的「紅茶指數」。紅茶指數更專業的取樣與定義方式就留待專家的提出，但就觀察市場而言，是可以扼要窺知一些景氣端倪的。

有一陣子，台灣某家泡沫紅茶品牌迅速崛起，這家企業展店快速，且當時推出的一款翡翠愛玉的茶飲在市場極受歡迎。由於廣受消費者的青睞，因此每每在店門口張目可見就是大排長龍的景況，且其外送的訂單也應接不暇，是家頗有發展潛力的新興同業，媒體也推波助瀾，大肆報導。孰料沒多久，有新聞提到，其中的一款茶飲被驗出含有等同於二十顆方糖的甜度；是的，從現代人的養生觀念來說，糖分過高的食物很容易被消費者引為警戒。於是報導之後，銷路開始明顯下滑，與盛況相較已是天壤之別。

巧的是，本書撰寫之際，有家媒體網站The Daily Meal同樣指出，星巴克部分飲品含有大量的糖和奶油，熱量可能高於漢堡，而該網站還點名了星巴克八種不能喝的飲品。熱量是造成肥胖的重要因素，因此報導呼籲消費者應多留心熱量控制。值此重視健康的時代，任何一個有礙健康的負面報導，都可能讓業績一蹶不振、企業不復再起。

而回到泡沫紅茶店家，爲什麼該品牌不知道糖分過高會嚇走消費者？的確，如第一章提到，在現代的茶飲店，客人可以選擇正常全糖、半糖、三分甜，甚至是無糖等調配方式，但若客人沒選擇，店家就會直接以全糖方式調製。好了，一杯茶怎麼會有二十顆的方糖甜度呢？糖畢竟也是店家成本，如此驚人的甜度意味著濃度有多高。其實不僅是這家品牌，若檢驗其他品牌也可能有高糖量的檢測結果，但我必須說，有不少是茶飲的容量導致的結果。如果只是一杯五百ＣＣ的茶飲，較不致出現如此高的甜度。但若檢測的茶飲是一千五百ＣＣ的超級重量杯，其含糖量就很難說了。

什麼意思呢？就是因爲容量超大，於是糖分就多了。怎麼會出現一千五百ＣＣ的超級重量杯呢？答案當然是：競爭。台灣的泡沫市場競爭極爲激烈，各種品牌林立，無論是有資本挹注的新起店家，甚或是單打獨鬥的個人小本創業者，都加深了競爭的白熱化。早年的台灣仍是農業社會，當時就有一種說法是：人生第一好是當醫生，第二好就是賣冰水；可見從事與飲料相關的行業，即便是個小本買賣，都被認爲是本小利大的生意。幾十年過去了，這個觀念依然沒有改變。

我經常在兩岸開著車四處觀察市場，這幾年很明顯在中國的各種經濟活動都非常火熱，無論是實體商店或是網路商城都熱鬧非凡，而且往往令人瞠目結舌。就如聯想買下了ＩＢＭ的伺服器，以及Google旗下的摩托羅拉（Motorola Mobility）智慧型手機業務，以及華爲在世界各地的成功征戰；而網路界就是阿里巴巴的馬雲先生，以及騰訊的創辦人馬化騰先生的「雙馬」虛擬商機大戰。儘管商業競爭是殘酷的，但必須稱許他們推出的各種嘉惠網民的新巧創意，如支付寶、餘額寶、光棍節活動、微信，以及春節期間的微信領紅包等服務，都讓商業活動更爲進化與便利。這些年見證了中國許多企業家的企圖心以及征略能力，從而讓中國經濟不僅是井噴式的躍進，更在許多服務與觀念上開始領先歐美國家。

反觀台灣這幾年經濟相對低迷，雖然創意依然蓬勃，但是創意與產業的結合確實不如理想；當好的想法不能轉換爲產業時，正面的結果就無法呈現了。我是這麼觀察市場的，以前的台灣經常會出現許多的商戰，無論哪個行業，都可能有前兩強或前三強的業者在特定的節日推出活動，展開市場廝殺。儘管你爭我奪彼此不讓，但越激烈，越是商業活絡的表徵，但我感覺這幾年這樣的廝殺活動變少了。儘管百貨公司的週年慶一樣熱鬧，但商戰的氣氛坦白說，遠不及當年。然而，無論景氣好壞，有一個行業卻從來不乏推陳出新、前仆後繼的競爭者，那就是泡沫紅茶產業。

台灣的媒體報導有近六成的上班族有意創業，其中餐飲領域是名列前茅的創業選項。而幾個朋友想租個小店面集資創業，泡沫紅茶是歷久不衰的對象。當然，除了賣水行業的高利潤觀念根深柢固外，再者也是入行的門檻一般認爲較其他行業爲低。這種想法並不完全正確，不過至少經營泡沫紅茶是選擇行業的熱門項目。

推波助瀾的是失業率的上升，讓競爭熱度很難退燒。許多專業人士觀察到：台灣現在的年輕人追求創業的比例極高，但與過往的創業者或有不同的心態是：在失業率居高不下的時候，現在的創業者有不少只是爲了謀求一份等同於，或略優於上班族的薪水，藉以取代早八晚五的工作模式，且不必擔心日後被裁員解雇。換言之，這樣的心態只是追求生活中的一點確定，或說是一種掌握自我人生的「小確幸」。小確幸（小さいけど確かな幸せ），是日本作家村上春樹作品所衍生出來的一種說法，意指生活之中雖小，但卻扎實確定的滿足感與心靈的美好感受。

鴻海集團創辦人郭台銘先生曾經因爲一則新聞有感而發，新聞是台灣一位擔任大學助教的博士生，放棄教授夢而轉行賣雞排，郭先生感嘆地說：念到博士跑去賣雞排，應該要課人才浪費稅。

向來以爭取人才不遺餘力著稱的郭先生當是認爲應該要專才專用，一位博士的養成是國家與家庭資源長年栽培的結果，若不能發揮所長，畢竟是可惜人才了。然而，這位雞排博士有其個人的轉行原因，職業不分貴賤，關鍵是用什麼心態面對雞排？

高失業率造成人才的移動，但若有更高的企圖心與更妥善的準備，那麼雞排與泡沫紅茶都是很好的起步。反之，僅抱著小確幸的保守想法而非是為了改進現有產業的缺點，或是懷抱某種更大的美好願景而投身創業，既不為益群淑世，也不為高遠理想，只期盼一己的安定溫飽，確實成了現在極高比例創業者的心態；但抱持如此想法就容易心生挫折且遠景有限了。因此，從泡沫紅茶業做為創業的入門業別來看，紅茶指數頗有一種可以觀察社會人士創業心理，以及窺視經濟榮枯的庶民指標意義了。

回過來再提到，當一千五百CC的大容量茶飲開始出現，且價格並未調漲。明擺的是以量取勝，這說明了市場的嚴重不景氣，很多業者想透過薄利多銷生存。我自己還有一項從紅茶來觀察銷售力道的表徵，就是以台灣為例：品項中，倘若最低價格的紅茶（約略是台幣十五至二十元），銷售成績開始竄高，代表著景氣開始受到影響，很可能就是消費者想喝個茶飲輕鬆一下，卻嚴控荷包，因而僅願意消費最低價格的純紅茶。這頗類似於景氣欠佳時，口紅的銷售反而特別的好，原因也是因為不捨得買其他化妝品，但女性為了儀容，仍必須略施薄粉好顯得精神，因此擦個口紅就是基本的上妝動作了。同樣也可藉此來觀察店家的經營壓力，台灣曾經有同業因為怕漲價嚇跑消費者，但原物料成本的上揚又得自行吸收，而苦不堪言，於是因應之道就是：只賣大杯飲料，不再販售小杯茶飲，藉以提高營收。這也是紅茶指數另一觀察景氣的比較指標。

從紅茶指數可以略窺背後的事實就是：經濟的低迷與不振，讓市井小民緊縮了荷包，連帶衝擊了小本生意的茶飲經營。相較觀察上流社會消費力道的紅酒指數，無疑地，紅茶指數更能貼近庶民的生活樣貌。

無論從紅茶閱讀市場，或從市場閱讀紅茶，做為企業的負責人，就勢必得經常思考兩者的連結性與互動關係，藉此看出趨勢，符應社會需求。可口可樂的董事長曾經說過，「如果公司的廠房全部付之一炬，公司的價值只會減損一成。」這句話背後的意思是，一家企業眞正的價值在於無形資產，而不是有形的廠房，即若大火燒了這家品牌價值全球第一的廠房，但公司的價值所損十分有限。同樣的反思，那麼，餐飲的連鎖店開設再多家，眞正的無形價值應該是什麼？

當我尋思從事行業與市場的關係時，就會思索企業的眞正價值在哪？我想答案在於：**就本身的領域提供更便民的消費需求，這一價值不來自於設備與硬體，而來自於在整體的服務提供上是否與時俱進**，這才是我倡導並追求的羊毛理論之眞諦。

CHAPTER 6

黑羊白羊要過橋

黑羊白羊的相遇，代表不同領域的接觸與接受，在本質上，是一種學習的機會。企業領導人應該選擇「黑羊白羊過橋」寓言中合作禮讓的版本，互相讓利，而不是競爭到兩敗俱傷的版本，如此方能從中領悟企業進步的力量。不同行業的相互取法，也是黑羊白羊的相遇，我將科研精神注入傳統產業，讓紅茶也成為一種高科技的經營。

河的兩端都有羊要過河。這一端是一隻黑羊要過河，另一端則有一隻白羊也要過橋，走著走著，黑羊白羊在狹小的橋中央相遇，擋住了彼此的去路，誰也過不了橋。黑羊與白羊都堅持自己要先過橋，要對方退回橋頭、好讓出路來，讓自己先過去。但兩隻羊都互不相讓，於是黑羊白羊大打出手，扭打著一起跌落河去，兩敗俱傷。

故事另有一個版本是，黑羊白羊願意相互禮讓，成全對方。因此有一方願意不怕麻煩地往後退回橋頭，等對方先過橋後，自己隨後再通過，成就了雙贏。

這是我們都讀過的小故事。道理很清楚，就是「競合關係」的思考，儘管黑羊白羊不屬同類，但未必要競爭，競爭之餘或許有另外更好的互動與合作。

寓言故事教我們的課

剛打算跨海中國的時候，很多朋友認爲是大好的發展機會，但也有反面的意見說：這裡是個充滿潛規則的地方，要競爭的不只是同業，還有不守遊戲規則的廠商，甚至是摸不清的人治與法律；簡單說：這裡充滿來自不同層面的風險與競爭。於是他們玩笑地告訴我「人多的地方不要去」，好像一趟中國的事業之旅，將面對一群如狼似虎的競爭者，前途凶險無比。

的確如衆所周知，中國崛起，開始向外展現驚人的擴張能力，但我總反過來和有這樣疑慮的人說：「是的，中國競爭力崛起了；但崛起的，也包括中國市場。」中國企業變強，但人民的消費力也提高了，從經商角度，「前往具有強大消費力的地方」不正是基本的思維嗎？當然風險可以好好評估，只是事情總是一體兩面，如果只從負面角度思考，往往就錯過正面的機會了。

之前提到中國大陸有強龍不敵地頭蛇的顯著現象，因爲不少世界產業巨擘都在中國的經營過程踢到鐵板。在中國高速崛起的時代，各領域全面競爭的強度都會提升，所以本土品牌在面對外來的同業競爭時，都會出現強韌的抵抗能力。但有趣的是，這種強龍落難現象在餐飲業倒不是如此顯著，即便是麥當勞、肯德基、星巴克這些世界餐飲連鎖龍頭，一樣也在中國經營得有聲有色，展店快速。打趣的說，或許就如我在香港聽到的一句話，廣東人自稱，「地上走的，四隻腳的，除了桌子不吃，什麼都吃；天上飛的，除了飛機不吃，什麼都吃；水裡游的，除了潛艇不吃，什麼都吃。」廣東人只是十三億人的一部分，放大來說，中國人的會吃、敢吃、能吃，早就是不陌生的全球印象了。吃的包容度大，就給了餐飲業的生存與發展機會，於是不管黑的人種、白的人種，一點也不排外，只要有宛若瓊漿玉液的美味佳肴，這裡都歡迎開張營業，以饗味蕾。

於是，東西方的牧羊人就可各自領導著自己的黑羊與白羊，儘管品種不同，看似非我族類，非得拚搏不可，但就像故事中的版本，黑羊與白羊不一定是競爭，而是有競爭以外的其他正向可能，比如學習，尤其是向彼此學習。

誠如世界上最大的零售商、美國知名連鎖販售店龍頭沃爾瑪（Wal-Mart）百貨創辦人山姆．華頓（Sam Walton）一樣。山姆．華頓非常癡迷於向競爭對手學習。在他開設第一家沃爾瑪百貨時，華頓就有向其他商店學習的習慣。華頓的妻子海倫曾經說過：「華頓花在競爭對手店裡的時間，跟待在自己店裡的時間幾乎不相上下。」山姆．華頓甚至自己說過：「我的事業做起來，是模仿別人。」模仿是一種學習，並不可恥。甚至有人曾說：模仿是向對手表示尊敬的最高表現。尤其是到「敵營」學習，是必要的觀摩進步之道，而我就從此受到過啟發。

星巴克做為先進卓越的連鎖業者，自然也是我學習觀摩的典範。但我學習的並不是裝潢風格，而是經營的細節，乃至於服務的流程。星巴克與我經營的泡沫紅茶產業販售的內容相去甚遠，但是經管的哲學與流程則是可以借鏡。每當我坐在星巴克的時候，除了觀察整體的環境以及擺設以外，我會特別留意的是吧台服務人員製作飲料的速度。星巴克在製作各式咖啡的過程中，有一定的比例是仰賴機器，這與泡沫紅茶高比例仰賴人工搖晃有所不同。因此，他們給我的靈感是，我能否也開發一些沖泡機器，讓我推出的茶飲可以更有多元風味，也加速供應的速度與效率。

在此想法下，我尋找了工廠開發了幾款機具，從而成了兼具手工與機器製作特色的泡沫紅茶店。茶與咖啡看似截然不同，但是製作的方式倒是可以相互參考與融合。比如當我看到星巴克相當受歡迎的Espresso咖啡時，我聯想的是，能否也推出以茶爲底的tea-presso？後來我就以此推出了奶泡茶。同樣地，星巴克除了咖啡以外，也陸續推出了多種茶飲。相互學習相互融合，其實都是消費者之福。

相隔，未必就相安無事；相遇，反而可能相得益彰。就像黑羊白羊的橋上相遇，雖然衝突，但只要妥協，就會取得彼此的空間。

有一段早年發展的經驗是，當仙踪林被媒體多次報導，展店速度加快之後，許多地方都有人表達了加盟的意願。除了華人地區以外，甚至韓國、日本，乃至墨西哥等地，都有引進的契機。有些是當地的華人想加盟，也有是外國人士喝了以後覺得事有可爲，因此也希望與我合作，引進自己的國家。當時我在香港，正擘畫著未來的發展方式，本來是想穩定香港後再做其他地區的考慮，但突然間各地紛至而來的加盟意願，讓原先的計畫複雜了起來。股東有人建議立即開放授權，即可立即躍升國際品牌；也有人認爲先不考慮其他地區，依然先專注香港的經營。我幾經考慮，並沒有立即開放外國加盟，直到一九九八年才分別在人力與財力的支應下，於澳洲開設了分店，並同時因加拿大分公司的成立，於當地設店；其他零星的則有新加坡、泰國、馬來西亞、菲律賓等地。然而嚴格說起來，這些店面是有專人負責引入，且有合資股東的奧援，因此有了設立的機會。但從登陸中國後，我的發展主力就在此處了，眞要分出心力跨足海外，並不容易。

然而，泡沫紅茶熱經過這些年的發酵，早就是家喻戶曉的休閒飲品了，但我內心裡，對跨足海外設店並沒有很高的急切性，因爲中國市場太大了，大到我常想，如果能做到像台灣般的驚人密度，大概非數十年時間不可。且力多倍分，企業依然著重在中國市場。但，我當然不是沒有積極跨足海外的想法，從創業之初，我就認爲改良後的泡沫紅茶，絕對有媲美咖啡的休閒市場潛力，我更希望歐美的咖啡族也能品嘗東方的新款茶飲。相較於在鄰近的日、韓、新加坡等地設店，我更企盼能做到立足歐美國家，因爲亞洲地區原本傳統上對茶就有極高接受度，相對地，若是打入歐美消費者的味蕾，將更別具意義。

或許帶著證明自己想法的心理，終於在專人與資金的盤算許可下，我在衆多當時可以跨足的地區中，選擇了美國紐約做爲重要試點，那是在二〇〇六年。這一年也是我企業獲得上海最具影響力品牌殊榮的一年，堪稱對我有特殊意義。

客觀說，美國遙遠且競爭激烈，當地物價極高，從發展策略來說，我是捨近求遠了，但這一不按牌理出牌的選擇，是我希望印證泡沫紅茶絕對可以讓廣大歐美消費者接受的長期想法。過去，雖然有許多歐美人士來店消費，但比不上親自到對方國度開店受到廣泛青睞來得肯定，且我的念頭是，麥當勞、星巴克、肯德基既然能在華人地區攻城掠地，那麼，華人品牌有無「你到我家來，我到你家去」的拚搏能力呢？我希望能成就這項夢想築夢踏實，於是我選擇了世界最大的市場美國。這家店就像是闖入美國黑羊陣的「中華小白羊」，勢單力孤，雖然面對世界級的連鎖咖啡與速食業者，但卻不畏風險，因爲它具有重要的實驗價值與意義。而實際上，近年不時有媒體報導，歐洲一些國家從台灣引進了泡沫紅茶，造成超級暢銷的熱潮，這些現象都適足證明泡沫紅茶有行銷全球的潛在能力。

美國的效應如何，現在尙難逆料，但是我秉持著黑羊白羊相遇理論，狹路相逢，可能是機會，未必是風險。關鍵是，全球的消費者接受泡沫紅茶的程度究竟如何？答案當然猶待日後的長期檢驗，但一次經歷讓我增強了更大的信心。

張大千與畢卡索的「商業版」

二〇一一年四月，有一天我接到一位友人的來電，她是台灣藝人謝麗金的姊姊，擔任知名造型設計師的謝麗君小姐。「吳伯超，你們公司很跩喔！」她劈頭就來這麼一句，語氣是半開玩笑。我詫異地問，「何以這麼說？」她說，「人家星巴克的老闆多次打電話給你們想碰個面，你們都拒絕人家呀！」「啊，確實有自稱是星巴克公司的電話打來，但我祕書說那是詐騙電話。」當時我人在海南島，接到這通電話，我隱然感受到自己經營多年的事業，距離國際化的理想可能更進一步了。理由是，連鎖咖啡的龍頭、也是我多年的觀摩學習對象，看到了東方休閒茶飲的可期性了。

謝麗君是因爲和星巴克大中華地區副總裁一次同機時，對方問她是否認識我？於是有了上述的經過。

我返回上海後，再問祕書，她還說：「是呀，星巴克打來好多次，但我就回絕了他們，一聽就是詐騙電話。」我好氣又好笑地說：「妳是全中國最牛的祕書，拒絕了全球最大的咖啡連鎖老闆電話。」

不過想想，祕書會這麼反應也有道理，因爲在形式上，賣咖啡的和賣紅茶的不在同業的競爭領域中，所以應該沒有見面的必要；就算眞有如我說的異業消費者的競爭，那就更想不出見面的理由了。因爲客觀地說，企業規模他大我小，他也不可能併購我，我也不會出賣自己的事業，一時間我想不出見面的原因是什麼？但這卻是千眞萬確的來電，確實是星巴克的總裁霍華・舒茲有意和我碰面商談合作的事宜。在星巴克公司的安排下，我先受邀到其企業針對星巴克亞太地區的所有高階主管發表激勵演說。之後，他們又邀請我親赴美國和舒茲見面。

擇好日期後，我特地帶著妻子飛往西雅圖，也就是星巴克的美國總部參訪。到訪時，因霍華・舒茲本人身體微恙，因此由其他高階主管先陪同我參訪，行程的安排是先到他們位於碼頭的咖啡店面，接續又參觀總部等其他要地，並且特地允許我隨意拍照。陪同參訪的人告知我，我是第一位被允許可任意拍照的參訪者。奇妙且讓我與有榮焉的是，這趟參訪行程中，我每到一處星巴克的相關機構，就有主管表示歡迎並且說：「吳先生，你們快樂檸檬的飲料好好喝喔！」我本以爲這只是禮貌的說詞，但他們甚至能點名自己嗜喝的茶款，顯見這並非恭維，足見他們用功之勤。

聽到稱讚，一方面感到欣慰，二方面也讓我見識到一流企業做功課的細膩能力。我參訪的這些地方都不是容易對外人開放的企業要地，而這些要地的負責人竟然都曾親赴中國，並且嘗試過我旗下企業的飲料，這意味著：他們的市場調查不是由外包民意機構負責，而是主管們的親身體驗。我心裡對星巴克又多了一份尊敬。

之後，我在行程安排下，飛往霍華．舒茲的招待所，這是他用來會見諸如國會議員等重要人士的重要場所。終於，我和這位企業界的傳奇人物（也是前輩）見了面。兩人相互寒暄，我好奇地問霍華先生：「爲什麼認爲二十一世紀未來的潛力飲料是茶，而不是星巴克賣的咖啡？」霍華表示：希望未來賣的不只是咖啡。所以可以發現星巴克的商標已經有所更改，原先外環的相關字眼已經拿掉，意味著，星巴克以後也能販售其他飲料，當然包括茶飲。

會談氣氛極好，期間霍華先生問了我一個問題：「吳先生，當西方的咖啡碰到東方的茶，你有什麼感覺？」這問題充滿市場想像，也蘊涵著經營哲學。但儘管身爲生意人，我當時並沒有在商言商。我專注地注視著眼前這位餐飲業界的國際前輩，敬重地回說：「霍華先生，讓我告訴你一個故事。這兩天我剛好看到一個報導，提到中國國畫大師張大千有一次應邀到巴黎舉行畫展的一則軼事。畫展將結束之際，張大千突然動念，想拜訪西方的大畫家畢卡索。但被旁人勸阻，因畢卡索先生並不輕易會客。不過大千先生決定要硬闖，沒料到竟硬闖成功。畢卡索熱情款待並共進午餐。於是，帶了年輕妻子徐雯波赴會的張大千，就在畢卡索的私人寓所接受了熱情的款待。後來，三人的合照成了數十年後的珍貴影像，也造就了東西方大畫家見面的一段歷史佳話。我們今天若能留影紀念，我希望若干歲月之後，後人也會如此這般的看待東西方飲料界人士的接觸意義。」

霍華先生微笑聽著我說，然後回應：「吳先生，我也告訴你一個故事。有一次我到以色列去參訪哭牆。當地的長老帶著我一步步前行，靠近這一著名的歷史遺跡，當距離哭牆僅剩幾步之遙，正等待親撫牆面以憑弔苦難歷史的印記時，陪同的長老竟然停下腳步，讓我自己往前挪步。我好奇地問：爲什麼你不陪我走這幾步呢？長老謙卑地說：因爲你比我偉大，我在你身後推你一把前進就好。」我看著他微笑點了頭，心中對舒茲的回話心領神會，他是想說，星巴克或許就希望扮演推我一把的謙卑長老角色，取意兩者的市場共生，成就雙方合作的機緣。

星巴克過去多是直接併購其他企業，但這次他表達可以參股的方式與我合作。在一些條件下，我和星巴克最終並未合作，但這次的經驗，讓我感受到，邂逅儘管是難料的不期，但相遇絕非只是偶然。霍華當時告知我，星巴克那時橫跨五十一個國家，擁有一萬八千六百家分店。我的事業規模當然不可相提並論，但若沒有彼此先前對自己事業的堅持，就不會有今天的東西相逢的殊緣。尤其是，自己將泡沫紅茶帶進世界的長久念頭，似乎因此更清晰地看出世界的接受度，也更憑添我的信心了。

分享這故事，我想說的是：不同領域的接觸與接受，就是黑羊白羊的相遇，相遇的本質就是一種學習理論。因此，企求發展的企業領導人應該選擇寓言故事中合作禮讓的版本，而不是競爭到兩敗俱傷的版本，如此方能從每次的相逢機遇中，尋思企業進步的力量。

從「人手一杯」，到「人手一機」

進步的力量來自學習，而觀察異業，思考本業，一直是我的學習習慣，也是我雖非學過商業，但藉此讓自己理解商場的重要方式。而我相信「隔行未必隔山」的理由，就是商業經常有相通的道理。

我們都知道手機產業在近年的蓬勃發展，很多電子業者靠著手機大發利市，但也有業者因為投入太慢，仍執著於原先的電腦產品架構，使得延誤商機，甚至拱手讓出打下的美好江山。電子業常被歸類是趨勢產業，而餐飲業總被歸屬是傳統產業，感覺上似乎應該傳統業向趨勢產業取經？然而，眞理既然無不相通，反過來又何嘗不能向傳統產業借鏡呢？我打趣地和朋友說，可別小看泡沫紅茶產業。倘若，電腦科技業者多留點心觀察手中的泡沫紅茶，或許就不致昧於趨勢變化，爲太晚跨足手機移動領域而扼腕嘆息了。

手機業者競相投入生產，原因就是「人手一機」的時代來臨，手機的便利性毋庸贅述，而人手一機的現象，專家說這是移動時代的來臨，可攜帶的手持設備當然比電腦的定點使用約束要來得便民許多。細想一下，泡沫紅茶從座位式餐廳進展到外帶式的店面，不早就造就了「人手一杯」，邊走邊喝的景況了嗎？如果，早有感於消費者對「移動消費」的需求，「移動」既已成了現代生活與需求的關鍵詞，再將此現象沿用於自己所處的電腦產業，那麼，敏於市場變化的業者無疑必會加快投入的速度了。

再趣味地聯想，現今手機業者講究的容量、外殼顏色的變化與客製，以及安全的特性，不也和泡沫紅茶講究大容量、各式飲品調配出的鮮美顏色，以及飲用的安全（如耐高溫的杯子要求等）如出一轍嗎？甚至手機業者慣用的以多款不同規格價格的機海戰術，泡沫紅茶多元的品項也早就是「茶海」戰術了。

仔細想想，傳統產業未必就是落伍產業，我就觀察到一個現象，由於網路購物的興起，造成許多實體商城的生意大不如前，甚至很多知名的商城關門倒閉。另一些商城的出租率開始下滑，這些商城爲了經營下去，必須要努力招租，於是他們將目標鎖定在「餐飲業者」，除了民以食爲天，味道好的餐廳不怕沒生意外，更重要的原因之一是，餐廳的現場服務尚未被網路取代。想吃一頓好的餐，仍必須親身到實境，這是網購再強都很難取代的優勢。餐飲業者可能成了挽救商城的主力，這不就是很明顯的傳統卻不退流行的例子嗎？

科技與傳統，看似截然不同，但是如果用新方法、科研精神注入傳統產業，那麼傳產就是高科技；同理，如果高科技不再求進步，很快地就會淪爲傳統產業。這就是我說，「紅茶也是高科技」的原因。所以，若能從對方的業態尋找啟示，往往就能爲本業帶來不同的應用思維。

【案例】「＋1」的啟發經營學

舉個異業相通的例子來說，當微軟雄霸時代，全球有近九成的桌上型電腦是採用windows視窗系統。近乎壟斷的優勢，讓微軟成爲科技界最耀眼的明星，也成了科技界最害怕的敵人，爲什麼呢？因爲電腦族的眼球完全聚焦在微軟的視窗系統。假設，微軟將任何一項電腦服務內建至系統當中，比如防毒服務，那就意味著多數的電腦用户可能不再另行購買掃毒軟體，因爲視窗系統已經免費提供服務。而從事防毒軟體的業者，就會因此面臨業務大減的危機了。簡單說，當微軟的視窗多增加一種功能服務時，不僅自己多增加一分黏住電腦族的優勢，也相對帶給某一軟體業者的生存危機。這種在原體系內多「＋1」的優勢，就是微軟當年令人生懼的原因之一。這種科技界的業態，在連鎖企業就有同樣的情況。

我曾提到，事業經營的重點在於「一的突破」。指的是，早年當我經營泡沫紅茶時，只單賣茶飲。但只賣茶飲利潤有限，有許多客人是希望能同時用餐的，而內用式的餐廳本來就是希望在顧客進店消費的時段內，能夠多點食，以利營收的增加。因此，基於不僅只賣「一」種商品思考下，所以除了賣茶以外，我們盡量再增賣餐食的部分。這就是「一的突破」才能帶來更好營收的成長預期。

就如視窗系統的「＋1」作法，在傳統產業的連鎖店規模效應下，一樣可以發揮「＋1」的魅力。如果可以開發多一種的商品，就會自然形成規模可觀的經濟，就像如果將一款新推出的茶飲，在被消費者認可後，即可同步推廣到幾百家的連鎖店，瞬間就會出現乘數效應。當然，乘數效應也有負面的可能，萬一出了差錯口味不對，其負評一樣也有同倍數的衝擊。因此，所謂的「＋1」思維並不是任意就推出新品，因爲是「＋1」、而不是「＋2」或是「＋3」，所以這項當時推出的「一」就特別謹愼與關鍵，就像微軟即便幾乎壟斷了桌上型電腦市場，但它每推出一項新服務時，也是異常愼重，其精神就是在「量」的平台上進行「質」的進化（「＋1」作法要完善，這兩種條件缺一不可）。我的作法一定是先在實驗室做好確認，然後先在幾家直營店試賣，等待市場反應不差，再逐步整個連鎖體系同步上市。

從科技界啟發的「＋1」連鎖效應，讓我勇於推陳出新、充滿實驗精神。

二〇一四年春節回台灣過年，發現全家便利超商的門口大排長龍，細看之下發現，長長的人龍是要購買從二〇一三年三月就推出的三種口味霜淇淋；其中一款草莓冰淇淋從情人節上市後，竟引發討論，銷售量也較平常成長二至三倍。而整體霜淇淋的業績更達一千二百萬支，十分驚人，甚至到了晚上時段依舊門庭若市，許多人甚至揪團購買，替全家超商創下極佳的業績。爲什麼可以短短時間就有如此佳績，這就是連鎖店的「量＋」，特別精心推出了一項熱門商品，就會實現「＋1」的策略效應。

每種行業都有可效法的價值，如果將每一種行業形容是一種羊群的話，那麼假設泡沫紅茶產業是白羊，一樣也會有提供電子產業黑羊的參考價值。原因還是，商業道理其實經常是相通的，關鍵就是能否參透領略消費者的行爲、並且能驅動消費者什麼樣的購買動機？

擴大來想，如果經營者可以秉持合作學習大於競爭廝殺的發展概念，那麼很多意想不到的發展與合作機會，都可能出現了。

箍木桶理論：一擊成功的共榮性

當然我深知，競爭的觀念充斥在商場，然而，是合作與學習觀念開拓了我的視野，放大了經營的格局，這是今天能有些許成績的很大原因。從一開始入行，我就積極參加各種連鎖加盟大展，我從不以和同業共享場地、共用大塊看板招牌爲忤；爾後，隨著加盟店數變多，我也從沒有認爲凡事都要獨立爲之，而忽略與他人同業合作結盟的可能。我的基本觀念是，聯合同業不是屈居人下，而是一起把市場的餅做大。在這樣的心態下，我長年的從商心理就不會有與人結怨、跟誰過不去的「江湖恩怨」，也從而讓我心態很健康地耕耘自己的事業。

而就算與同業競爭，我心裡也不認爲那是競爭。我的看法是：競爭的本質其實往往是合作。爲什麼呢？因爲同行未必是分食市場，反而往往是一起做大了市場，同行之間存在的是榮辱與共的共生關係。

有一回我到日本觀察市場，到了東京新宿一家知名百貨公司時，發現台灣一家知名茶飲連鎖店同業已在此開張。在異鄉看到自己的同業，不免有種熟悉且高興的感覺，因爲代表紅茶產業也能走進向來封閉且排外性很強的先進日本市場，這無疑是重要的里程碑。

雖然現場門可羅雀，但爲表達支持，我毫不遲疑，立即當場點了一杯飲料來喝，但甫入喉就覺味道全然不對，這家同行的老闆與我熟悉，他們的產品不該是這樣的味道口感，品質明顯大失水準。我既擔心且有點不悅，因爲我的觀念是，每一家同行業者都是業界的一分子，任何一家的好，就是全體的殊榮，若是任何一家出了問題，那並不只是折損了一家的名聲，而是會牽累所有的同行。就像是台灣食品安全爆發之後，大多數的消費者是不管哪一家的問題出錯，而是全面性否定某種食品，認爲有食安問題而不再消費，從而導致合格的業者受到池魚之殃。

共存才有共榮，這是同業並非競爭，而實際是合作，合作去做大並做好市場的本質。妻子阻止了我立刻打電話給該同行老闆的衝動，但我實在不願看到同行的產品竟有品質上的口感問題。該店的店員是位台籍人士，我立刻詢問，何以味道和台灣的差這麼多？她有點無奈地回答我說：因爲日本的審核制度嚴格，許多的程序尚在進行當中，因此有些原物料是採用其他的物料代替。

我告知她，一切尚未準備就緒，就不該這麼早開店。我的理由就是：打進日本市場多麼不容易，就算是任何的市場，倘若沒有一擊成功，那就會留給當地消費者拙劣的印象，日後其他同行再進軍同一市場，那就是千難萬難了。

這個例子說的是雖然是同行但並不相忌，而是一家好，全體才好，這一產業才會廣受肯定，這就是我的「**箍木桶理論**」。裝水的箍木桶是一片一片的弧形木片所組裝，並由鐵片環繞緊箍而成。任何一塊木片只要高度低了，水就會從低處流出，其他木片儘管整齊等高，但這個木桶畢竟盛水高度就不若以往了。每家業者正是如此，**大家其實都綁在一起，絕非單獨存在於市場，而是彼此如木桶般緊緊依靠，才能共同成就有高度的盛況**。

再從另外一個角度來詮釋同行其實是做大市場的共生關係，談談我在香港的一場冰沙戰役。

競爭的本質是合作：冰沙大戰

大約在一九九七年，台灣的飲料市場颳起一陣五百CC冰品外帶的專賣開店旋風。

同時也藉由徵求加盟店方式，迅即在台灣的飲料市場打下了一片江山。而香港的泡沫紅茶市場在幾年的耕耘下已經小有成績，民眾接受度極高。因此有企圖心的老闆，便將台灣的成功經驗想在香港複製。也就是，我的「敵人」即將渡海而來與我對壘。

這類五百CC冰品外帶的專賣店，一登陸香港，確實引發了一股嘗鮮熱潮，當時連媒體TVBS也曾深入報導。那時候的外帶市場大約占我業務的兩到四成之譜，嚴格說短期上對我不構成威脅。但熱潮若持續下去，他們也許會推出更多和我同款的茶飲，甚至開起座位店與我正面競爭。我覺得要立即因應這股態勢。我先花錢進行了市場調查，大致調查的結果是：

一、香港民衆對此類外帶式商店抱持好奇心。

二、快速方便的商品特性符合港人的生活步調。

三、對此類冰品的品質，評價並不特別的高。

四、有兩種冰沙賣得最好，就是紅豆及綠豆口味。

五百CC冰品專賣店登陸香港時，最引起港人好奇的新口味產品，是所謂的「冰沙」系列。香港並不是沒有冰沙產品，但是台灣業者的口味極其豐富，有些店推出的冰沙口味多達二、三十種。但是眞正賣得最好的是紅豆以及綠豆口味的冰沙。因此，我擬定了接戰策略，即是「鎖定主產品，不理副產品」。

我的想法是，只推行兩種民眾感興趣的主力產品，一方面是節省競爭成本，再者避免讓顧客點到不好喝的冰沙種類，直接訴求眞正的冰沙愛好者。但我還另外推出了兩款同業尚未出現的荔枝口味以及咖啡口味的冰沙，這是來港幾年時間觀察到的港人接受的味道。

猶如前章提到，中央工廠的後勤能否支應前線的作戰，才是能否接戰的關鍵。當時，這類五百CC專賣店的冰沙製作，早已有一套機械化的流程。他們採取的是中央大型機器的製作，然後再分送各分點販賣，所以根據計算，每製作一杯冰沙的時間平均只需五秒鐘。而我的店內之前並沒販售冰沙系列，也根本沒有這樣的製作機器。據當時的行情，一台製作冰沙的大型機器，就需耗資十幾、二十萬台幣。如果再加上每家店的物流配送，我投入的成本將極其可觀，也未必能順利回收。

就如同之前提到過的中國工廠以大型電風扇取代昂貴的掃描機器的故事，兩者有異曲同工之妙，我想到的是直接購買一批果汁機，分送至各家分店，以解決製冰工具的問題。而當時接戰匆促，但從決定推出冰沙系列應戰，到教導全香港的仙踪林分店製作冰沙，進而順利推出販賣，全部時間僅用了二十五天。

果汁機的成本低廉許多，但有好有壞的是，果汁機製作冰沙的時間太長，當時實驗測算的時間約需四十秒。這次應戰的對手是外帶式飲料店，外帶市場就是講究快速，香港是個生活步調快速的地方，誰有耐心等候如此久的時間呢？尤其一旦消費者群集而至的時候，如何將四十秒的劣勢扳成優勢呢？當時我一直苦思著這個問題。但我後來想到，港民喜歡嘗鮮，那麼就將劣勢轉呈優勢吧，告訴港民現打的冰沙才夠新鮮。

於是，當時的仙踪林各分店門口都有手寫海報，上頭寫著：

「新『鮮』打，抱歉，讓您久等了！」

這一招奏效了，強調現場打的果汁，港民果然願意耐心多等些時間。也彷彿隱約暗指五百CC專賣店的冰沙雖然快，但似乎「不新鮮」。那時候店門口經常大排長龍，生意狀況極佳。

競爭就是有樣學樣，五百CC專賣店見此，也開始效法推出咖啡及荔枝口味的冰沙，甚至情勢急迫地連這兩種口味的宣傳招牌都尚未訂做，就以手寫的海報來告知顧客，可見中間倉促應戰的激烈程度。看到消費者買單後，我又立即推出另外兩種冰沙口味，即是芝麻以及益利多（即台灣所稱的養樂多）口味，特別的是，這是日本養樂多公司當時在香港近三十年來首次與其他業者合作。利用養樂多所製成的「益利多沙冰」，更創下了一個月狂賣二十萬杯的驚人紀錄，令日本在港的養樂多公司十分驚喜。經此一役，我與養樂多公司建立了更緊密的合作關係，而由於益利多沙冰的熱賣，還使得其他外賣茶鋪也自行購買養樂多調製同款冰沙，日本養樂多公司還爲此發出律師函，警告這些外帶鋪未經其許可而自行用其產品的行爲，也藉此表示與我公司的特別合作關係。

當時這股熱潮一直延燒，我也藉此上了香港五大報紙宣傳，以利促售。市場知名度越來越顯著，也更帶動冰沙熱潮，有些港民甚至以爲冰沙熱潮始於仙踪林。我當時還上媒體教導民衆怎樣以簡易的方式來DIY（自己動手做）冰沙。之前珍珠奶茶的報導，讓我建立了泡沫紅茶的先驅者形象，此次透過媒體教導民衆製作冰沙，更儼然將我視爲是「正宗」的冰沙引進者了。

這場冰沙大戰確實打得很激烈，若從戰果上來說，我確實占了上風；只以二十餘天的時間準備與應戰能得此結果，實在很幸運。當時有股東說，乾脆乘勝追擊大降價，一舉殲滅敵手，我立即反對這一提議。

回到之前提到的觀念：競爭的本質往往是合作。一項新產品推出時，其實並不知道會衝出多少的市場規模？乍看之下，好像消滅對手後，市場就可以壟斷獨享。但我並不這麼認爲。實際上，當競爭對手出現，多半有助於炒熱銷售的氛圍，在各擁其主下，市場的銷售力道通常會加強。只要不是一窩蜂以劣質品參與市場，通常競爭反而是做大市場，既然競爭是把市場的餅做大，有利於產品的推廣，那本質上不就等同是雙方合作嗎？因爲彼此都有更多的消費者可以訴求。

舉個前文提到的數字，「近十年來，台灣外帶冷飲市場年規模從兩百億元膨脹四倍到八百億元台幣；以店家數而言，則是成長逾兩倍，店數從不足一萬家激增到近兩萬家」，沒有任何人會想到，冷飲外帶市場會在這段期間膨脹四倍，並且是在家數成長兩倍情況下達到。換句話說，市場的胃納量與消費潛力到底有多大？沒人說得準。所以爲了獨占市場而消滅對方，並不盡然合理，反而是因爲彼此競爭做大了市場，彼此共蒙其利，才接近市場眞相。再者，若以超低價消滅了對方，就算成功，之後也很難再調回售價，損人不利己的商業行爲就毫無意義了。

就如同，如果我的主要市場是商城，而其他同業的戰場是街頭巷弄，那麼呈現出的景象，不正是深入生活，隨處可見的蓬勃榮景嗎？所謂的「敵人」，表象是零和的競爭，然而究其實，本質是市場合作。只要想想，一條同業齊聚的街道，如家具街、鐘表街、女裝街，看似競爭激烈，但不也發揮了「集市」效應，從而有了「集客力」嗎？有「敵人」在，既敦促了自己，也合作炒熱了市場，這就是我始終秉持黑羊白羊一定有共存的美好理由。

再從管理上來看「競爭者」的問題，每個企業領導人常不可避免會遇到一種「老總困境」，也就是員工的想法無法眞正傳遞讓主管知道，原因有二：一是階層隔閡，造成無法充分溝通交流；二是久處安逸，員工抱持多一事不如少一事的心態。無論哪種原因，都造成了領導人經常很難從員工口中聽到眞正關鍵的問題。於是，往往很多事態與問題，多是來自於市場對手的針對性競爭動作後，才發現或才願意正視改進。領導人或許可以回想，當自己努力提出一個企業方案時，儘管幾經開會討論，但員工常常對內容並不完全理解，有的根本說不出所以然，反倒是對手研究了你，認眞思考了你的競爭思維，這就很清楚顯示：往往，外部對手比內部員工對你的想法與行爲更認眞對待。

觀察一下產業龍頭的較量，台灣的星巴克約有三百家的規模，並於二〇一四年推出類似得來速的外帶型態門市，亦即是「車道型」（drive thru）店面。這類的店型在其他國家早已有之，但台灣畢竟地小，而車道型店面往往需要較大面積，甚至需附設停車場，因此台灣推出較慢。根據推估，這種嘉惠開車族與機車族的新型店面，將可望比傳統的店面多出兩成營收。麥當勞的得來速早就經營多年，而台灣由統一集團代理的星巴克多年來並沒立刻如法炮製同樣店型，但從台灣旺盛的外帶市場中，看到了立即而明顯的商機；相對地，當最初幾年星巴克在台灣快速展店時，麥當勞也同樣看到驚人的咖啡商機，因此台灣有些麥當勞門市另闢店面，以販售咖啡爲主，和星巴克爭搶咖啡市場。參考觀摩彼此的思略，做爲改進自己經營的參考，說明了顯然外界的啟發或是刺激，絕對是有益於自己的進化。

於是觀念就是，對管理者來說，若要發現經營問題、自我提升，那就是「不管黑羊白羊，只要能幫你抓出問題就是好羊！」

黑羊白羊理論說的其實是衝突、扞格、競爭的情況，任何企業的經營過程中都不可避免會遇到各式各樣的對立。而身爲企業領導人，就永遠會面對各種利益的衝突與分配，這就是老總困境。老總困境面對的是主管與部屬間本來就可能存在立場差異認知不同，而有想法對立的可能。倘若延攬而來的主管表現不稱職，這種本質就存在的對立心態可能會加劇，更不利於企業的運作。用人是領導者很重要的課題，如何用對人、放在妥適的位置，是順利運作的重要關鍵。

記得剛進中國之初，我原先即盡量聘雇當地的員工與主管，但隨著發展，日常庶務開始繁複起來，我需要更多幫手來穩定初期的企業奠基工作。於是，我起用曾在台灣一起創業、也在香港幫助過我的一位軍中同袍，由於對他的熟悉與認識，深知他有一定的聰明與靈敏，因此將中國區的高階管理職務委請他負責。

同樣出身軍旅，有著一板一眼的認真態度，且執行力高，甚至公關能力也好，能說善道都是這位同袍的優點。他一就任，也積極任事，並且勤於管理，就如軍中制度一樣嚴懲重賞，上任即立威，試圖建立嚴謹完善的制度。然而，民間企業畢竟不是軍隊威權，員工企盼的人性化管理早就是當今的市場主流——是的，老闆開除不勝任的員工天經地義，但有個性的員工同樣也會「開除」老闆，跳槽而去。

當前商業界的工作氛圍，並不純然只用高薪與福利來留住人才，而是面對現在的知識工作族，企業本身有無提出一套足以讓他們願意投入人生青春的願景、價值觀，乃至工作氛圍，也是他們是否與願意企業一起打拚的重要考量。這就是商學院倡導的一種經營學，其取法的典範就如同不求報酬，卻願在一種正向目的下犧牲奉獻的「義工」。而正向願景的提升既是企業生存的價值，也是凝聚同仁一起努力的黏著劑。

我漸漸體會到，**一位好的主管除了他的專業背景外，還要觀察他的三種面向，也就是「對人，對事，對物」**。對人，指的是對同僚與下屬的態度；對事，則是對所遇情況的處理能力；對物，則是對自家產品與服務的真切認知程度。看起來，這三種要求似乎嚴苛，必須面面俱到，但是好的專業經理人或主管，確實都必須具備多元的特質，才能應付今天複雜的經營與競爭局面。一旦表現不夠稱職，原先應該是內部領頭羊，而且是自家人白羊的主管角色，就會不知不覺轉變成與員工對立的衝突黑羊了。

「永遠善待你的員工」是我常保的心念，他們犧牲了青春和心力，與你一起共同圓夢，或著說，圓了創業者的夢，企業領導者也必須竭盡可能爲他們打造樂業的環境，進而讓他們安居。一旦有了任何違逆此信念的情況，都必須設法排解。

這位延攬而來的同袍主管後因自己的生涯規劃而離職，我也立即聘請專業經理人接手，但我從此體會了用人之不易，不過也因此建構了自己用人聘才的幾點參考標準。可以補充與聯想的是，自古而今，很多領導人喜歡任用認識與熟悉的朋友，固然內舉不避親，只要優秀就該起用，但更多情況是只因爲熟悉而任用。只因關係（而非能力）做爲用人考量，就像古時候的家臣，儘管忠誠，但卻無法與時俱進、昧於時勢，反而成了領導人進步的阻礙與負擔，終致落伍與淘汰了。這是每個領導人應該戒愼恐懼的老總困境，因爲它深刻關係著經營的成敗。

讓利，才能讓事情無往不利：連鎖制度的巧妙變革

扞格衝突不僅存在於上下從屬的垂直對立之間，也存在於加盟店與直營店的橫向關

係之中。的確，競爭與合作不僅來自外部的世界，類似黑羊白的競合關係也一樣會出現在企業內部。因爲只要有利益的分配衝突，就會有誰禮讓誰的過橋問題，比如直營店和加盟店就常有這樣的關係存在。有廠家比喻，直營店像是嫡長子，加盟店則像是庶出的次子，親疏關係有別，總公司因此會有大小眼的潛意識。加盟商的這樣疑慮其實長久以來一直存在，不難理解，他們總會認爲被協助得不夠、總公司輔導投入的資源有別，總公司怎麼做都很難完全免除他們的疑慮。

加盟商心理上總有個質疑是：整體連鎖企業的行銷活動，看似宣傳的效果雨露均霑，每家店既然共用一個品牌，那麼宣傳的效益自然每家都分享得到，無論直營或加盟。但是，加盟店會想，直營店本來就是總公司直接經營，廣告帶來的營收都歸總公司所有，而加盟店不然，因爲有些連鎖企業的加盟店營收比例需要上繳給總公司，換言之，看似行銷活動對加盟與直營店一樣有利，但直營店本來就是總公司的日常成果，而加盟店卻要另外上繳金額，儘管活動推出後他們業績增加，但還是很難避免這樣的不平心態。直營店的白羊和加盟店的黑羊，雖然都屬於同一個品牌，但往往就會有些矛盾，加盟店甚至因此配合度不高，或是杯葛總公司策劃的活動。

但要管理好整個企業，並且眞正做出口碑，那就儘可能一定要做到公平，甚至是多讓利給加盟商，也就是在「給與取」（give and take）之間妥善思考。

舉個例子來說，連鎖業界有種作法是，一般的形象文宣，分店要出資；但是願意多出份心力協助加盟店的良心業者，則是願意協助出費。例如，在所謂的「買一送一」的活動中，另外送的一份，是由總公司買單。這麼做是讓加盟店感受到總公司的付出與參與，不致出現加送的成本也要由加盟店負擔的心理，從而願意努力參與提升業績。總公司買的另外一份，則可視爲是推廣形象，一起付出贏得雙贏，也強化了加盟商願意常進行推廣活動的意願。

所以爲了讓加盟店有一體的參與感，我的作法就是多方資源盡量協助，例如，由總公司直接派駐人手協助加盟店的活動宣傳，同時在成本的負擔上，儘可能一部分由總公司負責，另一比例則由活動增加的營收中扣除。也就是讓加盟商在成本的負擔上減少，但在增加營收的分享比例上提高。而我的讓利原則，就是讓加盟商的成本分擔盡量「少付出、晚付出，甚至不付出」；而在利潤的所得上，則是盡量讓加盟商「多獲得、早獲得，甚至全獲得」。全獲得的意思就是有些項目的利潤完全歸由加盟商獲取。在這兩項原則上，許多的成本與未來可能營收的分擔與分享，就容易畫出界線，彼此融洽地共同投入各式活動，我更從互動的過程中領略到「讓利，才能讓事情無往不利」。

有個理論說，「先衝突，後妥協，最終取得進步」。衝突必須狹路相逢、短兵相接，如果永遠抱持你死我活的零和想法，看不到另外一種更好的共存可能，那就狹隘了經營的視野與發展的格局了。別妄想消滅對手、一人坐大，商業界沒有壟斷的市場，世界沒有獨門的生意。但太多的經商人士卻經常充滿著你死我活的競爭觀念，所以才會如亞當・史密斯在《國富論》所提到：「商人聚在一個屋頂下，很少不談如何壟斷價格和共謀違反公共利益。」但有智慧的從商人士應該想的是「融洽共存」，而不是「完全取代」，想想看，當黑羊白羊彼此禮讓都過了橋後，就是海闊天空了，但若彼此不讓，逞強鬥狠，勢必兩敗俱傷，最懂「成本」的生意人，心裡一盤算就知道孰優孰劣了。

CHAPTER 7

育種學

企業領域的育種學，是要在複製（量化），或說學習對手之後，得注入經營的靈魂（質化），才能擁有獨具一格的差異性。在量化展店規模上，我不斷開發完善的加盟制度；在質化企業內涵上，我培訓員工重視服務的細節，更打造「混血團隊」，改善弱勢基因，增進強勢基因。經此優化與融合，企業才得以真正美麗茁壯。

在商業的世界裡，企業壯大與發展的方式不一而足，有的是直接消滅對方，贏得市占率；也有的是打不過對方，但仗著口袋深、銀彈豐厚，就直接買下對方取得市占率。

當一家家的仙蹤林不斷地在香港以及大陸，甚至是其他海外地區開幕，儼然國際品牌的架式成形的時候，開始有更多的大財團透過關係聯絡我表達了參股，甚至是直接併購的想法。

大約在兩千年年初，有人開價願意以五千萬港幣收購我的連鎖事業。被收購是很多創業者的夢想，太多人的創業不是爲了理想，而是爲了有朝一日高價賣出，而後高枕無憂地退休，這些人當然也包括後來陸續參與我事業的股東。有位股東知道有人出價收購後，力主立即賣出，原因是趁行情好時出售的話，就如股票一樣可以賣在高點，獲利了結。這主張的聲音一直不曾斷過，只要有財團表達意向，就有股東發出類似的聲音。

那時的我將屆不惑之年，從一般人的觀念來說，很多台灣朋友常將存夠三千萬台幣做爲退休的目標，若以此目標，這筆收購款足夠我收手了。但我有因爲價格而動搖過經營權嗎？沒有。我告訴股東說：「如果照現在的光景以及開分店的速度，現在値五千萬港幣，一旦在大陸再多開幾家分店，加拿大、澳洲也都有了分店，五千萬很快就會倍數成長爲一億，甚至兩億港幣，絕不可以急功近利。更何況，這是自己辛苦經營的事業，一定要有永續經營的觀念。」

我這麼說，並不表示我要再等壯大更可待價而沽，而是用這樣的說法讓主張出賣的人不要短視，因為眞有可期未來的話，那麼經濟規模的增加，分母變大後，分子也會水漲船高，持股的股東一樣可以有同樣豐厚的回報。雖然我說服了股東，但是有意收購的對方並沒有就此放棄。

打不下，就買下：永遠買不到的五%

其中一位商人不斷向我表達意向，最後更是當面與我談判。見面後，商人表明了強烈收購的意願，我仍是婉轉拒絕。該名商人眼見好言相勸已行不通，語氣便轉趨強硬。

「吳先生，你可以不賣，但你要知道，泡沫紅茶又不是高科技產業，如果眞有心要投入從事，門檻並不高。如果你不賣，其實我方遠勝於你的財力，要完全複製你的事業，一點也不難，甚至可以做得比你好。」商人毫不隱諱，信心滿滿地直接表態。

「你覺得你能複製到幾成呢？能到八成嗎？」我問。

「不只，應該可以更高。」他依舊氣勢高昂。

「好，你覺得可以高到幾成？」我再問。

「九成應該沒問題。」商人自信地回答。

「就算你能仿造到九成，好吧，給你九成五好了，這已經是極限了。你可能模仿到百分之百嗎？」我追問。

「當然不可能完全一模一樣。」他說。

「好，我就贏你贏在你學不到的這百分之五的經驗。」我果決地說。

買下併購，是當今商業界自我壯大的常見策略之一，併購的想法是好的，但結果往往是壞的，併購之後不如預期的原因很多，但其中最常見的問題就是「文化的差異」——新老闆帶來的文化與團隊，常常與被併購企業嚴重不合，非得經過一段長時間的磨合，才能發揮併購的綜效。而兩家業者的文化差異，可能是最難磨合的挑戰。出資購買企業不容易體會，甚至輕蔑被消滅公司的文化，因而輕視後者的經驗與傳承，導致了嚴重的衝突結果。而經驗與傳承，偏偏不是金錢可以輕易堆砌出來的。而更糟的是，有些併購的目的不是將原品牌發揚光大，而是消滅殆盡。

Costa Coffee是一家總部位於英國的知名咖啡連鎖品牌，約莫在二〇〇六至二〇〇七年間，曾經派人與我聯繫，同樣表達收購我所有直營店加上加盟店的意願，尤其是出價不低，頗有吸引力。我當然不免詢問對方何以要收購？對方的回答很坦率，因爲除了在英國不敵當地品牌的Costa Coffee以外，星巴克在其他國家地區都是同樣的第一名。因此，他們希望買下我的所有據點，因爲這些據點相對良好適合開店，一旦收購後將不再有仙蹤林，而是要將所有的門市改掛上Costa Coffee的招牌，取得更好基礎，而後與星巴克在中國進行競爭。

當然，我不會接受自己催生培養多年的孩子，就此憑空消失。商場多年，見證了許多案例，在併購的時候，爲了順利娶親也就好話說盡，海誓山盟、永遠不變的承諾會輕易出口，只是一旦娶回家門後，承諾開始質變，那些答應被消滅公司的許諾，諸如保持原公司的企業文化，甚至是員工的工作權等，隨著老闆換人，都人事全非了。

也有時候大財團在買不到之餘，退而求其次，希望能夠出資入股，好分享成長的利潤。許多發展中的小企業面對聘金，若拒婚，但也可能在資金不足下，同意對方的入資，就如當年在香港發展的我。那個時候，公司草創一切不足，有人看上了產業的前景有意投資，從發展的角度我同意對方了。儘管公司的實際經營權仍是我，但有錢畢竟聲音大，很多時候，必須要尊重出資者的意願與看法，所以削弱了我的主導權。

主導的目的倒不是爲了權力，而是創辦人一定有其創業的理念，但出資的股東著眼的是投資報酬率，理想與現實，往往就成了發展時的角力。投資的股東財力雄厚，對初期的展店與建制有一定的助益，只是在理念不同下，經營常有掣肘的感覺。在商業世界合資公司，股權雖然過半享有決策主導權力，然而，公司若是發展日益壯大，儘管只持有百分之三或是百分之五，都算是實質重要的大股東了，何況是持有高達幾成比例的入資者？首次面對有人高比例入股時，我的經驗不足，許多時候對於發展的策略與步調，和急於回收效益的股東歧異甚深，儘管態勢明顯可以拍板定案，但過程中的論辯齟齬，都影響了效率的運作。

因此當爾後成功進軍中國，又有兩岸的食品龍頭業者找上我表達投資意願。中國拓點需要更大的資金奧援，我同意了對方，但差別是，我釋出的股權相對少了很多，且也做了更多自我保障的條件設定。即若對方希望更高的投資比例，但香港股東的經驗告訴我，財務的運作與主導權的大小，是當有人提親時，必須深思熟慮的課題。正因香港經驗，讓我的大陸經驗得以更爲穩定發展。經驗，何其可貴！

「想搖紅茶，我明天也可以去搖。」我的朋友這麼回答創業初期的我時，當然他沒有動手去做，但即若動手去做，也無法立刻做出成績。我喜歡以「叫化子理論」做比喻。我們一般人即便肯拉下臉在天橋或地下道扮演一個乞討者，但是我們的「乞討業績」也比不上正牌的「丐幫人士」。因爲一個眞正的乞丐，他懂得在什麼時候出現，懂得在什麼人面前才出聲乞討，也懂得在破碗或破帽子裡面應放多少金額，才會達到激起同情的效果。所以叫化子破容器裡的錢數是一門很高的學問，即便妝化得很像乞丐，但是業績就絕不是初次登場的業餘人士所能比得上的。我要說的是，**再基層的工作，都有經驗值，千萬不要看不起叫化子，眞正動手去做、粉墨登場，也未必有好的表現，這就是百分之五經驗的可貴**。

我在台灣創業初期曾有過一個經驗，當時店內除了販賣泡沫紅茶以外，我也曾與很多店家一樣，抱著能賣什麼就賣什麼的想法，所以很快地我就賣起餐食。但我完全不懂烹飪，除了有些套餐可以自行以微波爐加熱處理外，其他需要當場製作的熟食，就非我能力所及了，因此就延聘了一位可以煮餐的廚師。以一家餐飲業來說，廚師的薪資占成本的比例不低，但是餐廳型態就得有供餐服務，儘管他的手藝只是一般。然而，漸漸地，廚師要求加薪，也開始難以掌握，但他具備了我做不到的烹飪專業，因此我盡量滿足他的要求。後來索求更高、我無力支付後，他就揚長而去了。結果可想而知，供餐出現了空窗期。

這個經驗我體會到一件事情，很多人買下知名餐廳，其實買的是有專業與經驗的廚師，而不是招牌與設備。台北有一家賣傳統湯圓很有名的老牌店家，在高價出售後，接手者非常後悔，因爲生意遠不如以往，收購者就質疑店家留了一手，未將廚藝無私傳授，烹飪就如化學配方，少入一味，就差之毫釐，失之千里，老客人吃出了差異，當然不再上門消費。這就是買不到的經驗。管理學說：人對了，事情就對了；反之，人錯了，事情就不是那麼回事了。這就是我延聘許多專業人士（例如某知名餐飲管理學院的顧問等）研究各式茶飲配方的原因，也是日後克服萬難從公司總部培訓人才，減低廚師對企業影響的理由。

要言之，經驗是什麼？經驗是自己身體力行後的心得體驗，它的珍貴在於很難量化，也很難被偷走，因爲經驗是很「惟心」的體悟。雖然有句話說，「江湖一點訣，點破不值錢。」訣，就是心得經驗，是對一個事業的經營者來說，經年累月堆積的心路歷程與市場教訓，也是競逐市場時的最可貴籌碼，儘管點破就不值錢，但這中間的竅門不是說複製就能立馬仿效的。就像複製羊桃莉的故事，科學家可以透過基因科技複製出一隻外表一模一樣的羊兒，但是，這隻複製羊的壽命不長，顯然依然有科學家未知的先天基因缺陷，而且就算外表完全雷同，複製羊與原生羊也絕不可能有完全相同的性格與特質，只要是單獨的個體，都有其獨立的特質。

事業何嘗不然呢？如果只要有錢就可以爲所欲爲，任意收購別人的事業，或是輕易複製成功，那麼這個商業世界就完全是財團的天下，也就不會有那麼多小兵立大功，或是雖小猶存的成功範例了。經驗不是對手一蹴可幾、立即仿效可得的，因此，當能夠累積越多經驗，其實就築高了別人抄襲的門檻，從而也增加自己立足的能力與信心。對事業來說，育種學若只是不斷複製個體，那是生物學的目的，而**企業領域的育種學則是要在複製（量化），或說學習對手之後，得注入經營的靈魂（質化），才能擁有獨具一格的差異性**，而差異化，就是競爭的識別標誌。再者，即若是複製的量化，原創辦人與花錢直接買下者，仍會有些差異。

量化的思維：BOT啟示錄

如果我是一位牧羊人，我除了日常的放牧工作外，更重要的就是如何培育出品種優良的好羊，以及如何讓牠們健康無虞地長大。對連鎖企業來說，要長大的方式就是之前提到的不斷透過展店累積規模，成就規模經濟。

不斷展店固然是累積規模的方式，但如何可以不失控，且穩健地成長，其中還是必須有很多的挑戰與縝密的思考，尤其是對業界的經驗法則與業態的理解，才能漸次達到。舉例來說：前章提到，總公司與加盟店的關係經常有加盟主信任不足的問題存在，如何扶助加盟商盡快進入經營常軌，是評判總公司是否稱職的標準之一。

這一、兩年，常有台灣知名的連鎖加盟業者提出一種說法，也就是建議採行連鎖制度的台商應採取「區域授權」的發展策略，而不宜再採取「單點單店」的授權。理由是，因爲從台灣引進的連鎖加盟制度，中國的業者早已學會，仿造力強的他們開店速度可能更快，若是台灣業者還採取一家店一家店的牛步龜速授權拓展節奏，很容易就被當地業者包圍，吃掉市占率。

這個理論並沒明顯不對，但問題還是：「一下子開放太多的授權區域與店面，總公司的奧援能力與扶助資源能否支應得上？」當加盟店如雨後春筍遍地開花之後，如果服務水準下滑，那只會折損品牌信譽與顧客信賴程度。我進中國後，即早就採取區域授權模式，但就是發現放得太快會有不少後遺症，因此，近些年的授權方式就謹愼許多。尤其直營店的示範效果以及可控性高，都是我深知儘管大量授權加盟可以有許多財務上的明顯收入以及市占率的快速提升，但爲了踏穩經營腳步，直營店的占比依然重要。

我的經營經驗認爲，健康的特許品牌在加盟店與直營店的合理比例應控制在七十與三十之間；這是保持企業品質的妥善比例，畢竟直營店可以完全在自己的掌握下，有著縝密積極的管理，所以不能一心想著擴大版圖而大舉徵收加盟。這就是連鎖業者經常的分歧路線，那就是「先做大」，還是「先做強」？我的發展路線是後者，所以快樂檸檬先採取直營模式，四年以後才開始授權區域代理，開放加盟。

同時，從經驗中得知，加盟的第一年是爾後能否順利經營的關鍵年，因此為了提高加盟店的生存能力，我特別規定了在加盟店開業第一年，總部必須派帶店經理協助加盟店，確保雙方有一致的經營理念，尤其希望藉此讓加盟主盡快上手，進入狀況。

之後就是所謂的利潤分配問題。前章提到要透過讓利的心態，與加盟商共享利潤與成果，以增進彼此的互信與合作，但讓利並不能只限於某次的活動，或是某項目的利潤犧牲而已。從長年來的經驗與心得，我感覺要有一種完善的制度，讓「加盟」兩個字有意義上的改變與進步。因此，在數目日益增加的連鎖店系統，我開始思考更大幅度的改革，或許這可以是更多的讓利，至少讓加盟者更能將店當作自己的事業經營。

原本，連鎖制度的店型主要有二：

（一）直營店：完全由總公司負責所有開支與設立事宜，直接隸屬於總公司，情況相對單純。當然所有的租金與人事成本係由總部支付，盈虧也概括承受。

（二）特許加盟店：原則是由總公司提供品牌、材料、後勤支援等項目，而由加盟店提供店租，甚至有的是店址的尋覓，亦即加盟主需自備店面加盟以及人事費用的負擔等。在合作的形式上是總公司與加盟主共同投資，協助減低加盟主的經營風險。加盟主須付出加盟金，爾後營運開始，享有的利潤分配則爲當月毛利額的某個比例。

我想的是如何從這兩種店型制度中，規劃另外的加盟合作模式。台灣有一陣子很流行一個名詞稱爲BOT，三個字母指的是，興建（build）—營運（operation）—移轉（transfer）。內涵是由民間機構投資興建並營運，營運期滿後再移轉建設所有權給政府。其目的是，藉由民間出資參與公共建設事務，解決政府資金不足的問題，也擴大民間的參與。我從這個作法想到，不妨也可以將順序改成BTO，也就是總公司扮演興建的角色，然後移轉給他方，交由其營運。我將之稱爲「委外加盟經營」。具體說，是由總公司提供營業前的一切準備，包括店面的尋找、設立、裝潢等一切就緒後，再徵求有意參與事業經營的加盟者專職負責。形同是有個特定的位置「虛位以待」專業經營人。至於加盟金的額度、每月分配的毛利潤比例都可調整，以嘉惠加盟主。

這種變革制度的好處是，讓專業且有熱情的連鎖事業經營者，可以「光桿」入列，大幅降低他們參與的門檻，也讓他們更有意願經營一家被委以重任的店面。這種作法同樣可以沿用在經營一段時日並已上了軌道的直營店，這時候一樣是徵求經理人負責，然後由其從日常營收中負擔店租與人事成本。或許這麼一來，總公司營收減少，但也減輕了店租與人士的固定成本支出。當加盟主擁有更高的主導與獲利比重時，其投入的程度就會提高，更能創造彼此的雙贏了。

這些年，常有機會被問到一個題目：「吳先生，你從事連鎖事業的夢想是什麼？」這問題如果從規模與經濟產值來說，或許就是每年設定拓點地區與門市數目，然後年復一年、日復一日不斷開店下去。從經營的數字管理學，或許如此，但我真正的心中夢想就是期望利用BTO的方式，無論彼此出資比例如何，日後在很多條件的成熟下，可以讓真正有能力、有理想的工作者，回到家鄉或是留在喜歡的城市，經營著由總公司替其準備好的一家店面，這就是我在日後會逐步推動的「內部創業」。有朝一日，或許來自黑龍江的員工，或來自烏魯木齊的同仁等，就可以如願回鄉工作，儘管天各一方，但依舊是一起打拚的好夥伴。

市場不是一成不變的，同樣地，針對連鎖加盟制度的變革規劃方向，仍在更細膩地設計擘畫中，但我的出發點是希望存有潛在衝突心理的加盟主，可以更放心地投入連鎖事業；唯有透過制度的妥善設計，才能減少總公司與加盟主之間不信任的相對立場所帶來的經營危機。

相對地，對直接花大錢併購的財團來說，他們可能只沿用著原有連鎖制度的兩種店型發展模式，不斷斥資開店壯大。沒錯，在金錢與財力的堆積下，很快就可以形成一定的連鎖規模，但連鎖越多，總公司與加盟主的潛在衝突也會更多，因爲沒有從核心的靈魂深處，解決連鎖制度的設計缺失，與加盟主的衝突與對立，就會一直存在。長期的相處與經營過程，讓我體會了核心問題所在，這就是可貴的經驗。

質化的思維：零與萬的距離

花錢就有成果，是大財團的僵化思維。我承認，規模與數量或許是有錢就可有立竿見影的效果，但是內涵不對，也不過是空殼的軀體沒有靈魂。而老生常談的一句話是：有靈魂、有個性，才有獨特的差異性。

「吳先生，市場上新的泡沫紅茶品牌不時問世，每家的裝潢也都明亮有型，這麼多層出不窮、前仆後繼的後進者，您公司贏的策略是什麼？又如何常保優勢？且每一家都是賣茶的，差異又在哪裡，一般消費者應該很難分得清吧！」有一次我回台灣，一位資深的媒體朋友這麼問我。

這是一個很好的問題，也是我十多年來幾乎每天自問的問題。回答起來可能很冗長，但可以先就「差異化」試著回答。

差異化其實就是品牌識別度。

乍看之下，各家的茶飲品牌好像雷同率很高，許多基本茶款在哪家都可以買到，但差別是，當注意分辨時就可發現，其實每家主推的茶系列仍有不同。有些可能強打水果茶，有些可能以檸檬系列為主，當然也有很少改變茶款的店家。「主打項目不同」當然是強調差異化，同時也可能是因為掌握了某種原物料，因此得以推出相應的茶品。仔細觀察比較就可發現，儘管看似紅茶店張目可見、四處林立，同質性強，但是出現了我稱之為各有擅長的「專業分衆」市場現象。有的業者專賣清茶系列，也有的以果茶為主，也有業者專門經營各式的「加味茶」（添加各種配料，如珍珠、布丁等），換言之，看似相似性高，其實各擁粉絲，依然有差異的生存機會。

以快樂檸檬為例，我即在打造品牌之初，即設定了專精化與形象化的訴求。我推出以檸檬為主的系列茶飲，約占門市茶類的四分之一，將有健康根據、快樂形象的檸檬與各式的茶飲精心調製後推出，形同以新鮮果汁的形・摻入茶飲的內涵，建立了泡沫紅茶市場的特有品項，以區隔市場。同時，將一般同業往往販售多達數十種的茶飲，一舉精簡到二十種左右，既方便消費者的選擇，也強化「招牌商品」——檸檬系列的聚焦度。就如所言，一種商品在消費者心中只留給市場第一或第二名的商家，在如此激烈的茶飲市場，更必須以系列主打，建立專業分眾的品牌地位與形象。

儘管如此，專業分眾在倚賴主力商品之餘，也會將品項推陳出新，以保新鮮，而這對於經營至關重要。基本上，從一家店的茶款變換率就可以看出背後的經營心態，也可以看出品牌經營的內涵。但一個品牌要有靈魂、要有獨特的文化，就要有對手難以複製的元素，光是推陳出新的商品，仍是遠遠不足的。

企業的育種，和生物界的育種畢竟不同，生物學要複製動物，利用基因在現代科技的協助下，已經有很好的複製成果。但是企業面對的是員工，是人，沒有源源不斷合格員工的企業，是無法不斷複製的。對於複製而言，生物學家只要「培養」，但企業家還必須「培育」，「不教而養」的企業很難出現細膩的文化。

有一回我讀到一個報導，覺得心有戚戚焉。內容提到，在上海有七十家直營店的天中茗茶董事長陳志英談到他的個人經驗時表示，在一九九四年，光是教導員工笑著講歡迎光臨、謝謝您，就花了三個月。我前章提到訓練員工講著同樣的客氣語言，也花了非常久的時間。今天當然進步許多了，但在那個時候，中國很多地方，即便是都會地區的服務業觀念依然不足，要自然而然、理所當然地表達服務的友善與熱情，對當時的員工來說，是不容易的。但這就是軟實力，存在於企業文化的細節，代表著一家公司的文化，也就是個性；沒有用心施教，就不會出現令人肯定的「企業教養」。

而除了品格的培養教育，技能的多元培訓也是教育的重點。

麥當勞剛進台灣時，啟示了很多的觀念與省思，其中之一就是：麥當勞不過就是賣漢堡而已，竟然也可以搞到如此大的世界規模？相較之下，台灣美食世界聞名，卻沒可以類比的連鎖規模。如果漢堡能，那麼台灣人愛吃的刈包爲何不能？

答案當然很清楚，企業化、流程化、標準化，公司有無強大的後勤支援能力等，都是解釋爲何不能的原因。或更簡約的說法，倘若不能以系統化的方式打造一個呈現美食的平台，那麼漢堡能，刈包就是不能。系統化指的是製作的流程、平台的塑造，以及不可或缺的服務內容。簡單說，漢堡只是與消費者交流的媒介，但媒介背後卻是精細的作業工具與設計，再加上服務的態度，最後才能成就一家餐廳業者的總體形象與經濟產值。就如爲人父母教育小孩，除了教養的重視外，也會注重他日後的生存技能學習，更會教導孩子在人際相處關係上該如何具備友善的態度，經營企業的道理也是一樣。如何機會教育，如何讓企業員工重視服務的細節、給外人美好的印象，都是最後評估企業是否成功的重要環節。有個經驗我常分享給公司同仁：

早年，我曾經在台灣投資過一家小餐廳。我記得有一天晚上即將打烊時，突然來了位客人。雖然將屆打烊，但還有短短時間，因此工作人員並未婉拒他進店消費。他坐下後看了菜單點了盤燴飯，而當時的餐廳裡，已經沒飯了，在現場的我就請工作人員立刻去煮飯。該名員工很納悶地問我：「只來了一個客人，卻煮一鍋飯，會不會太浪費了？」我跟他說：「沒關係，快去煮，別怠慢了客人。」

如果在商言商，從成本的角度，這一鍋飯是不應該煮的，何況當時已屆打烊，如實以告顧客，顧客絕對會理解與體諒。但多數人想的是「成本」，而我想的是「服務」，餐飲業既然是一種服務業，應該盡量將「服務」優先放在「之前」。但其實，即便就成本的觀念思考，這麼做，也未必不合成本。我常想，一家餐廳要吸引一位客人的成本其實包含很多內涵，例如打廣告、支付店租、人事成本、食材費用、水電基本開支等等。計算起來，吸引一位客人的上門消費成本，應該遠遠大過一鍋飯的成本，如果這一鍋飯留住了一位客人，其實也是一次廣告的行銷，更可能因此帶進更多的消費者。反之，拒絕了點餐的要求，在他心裡這家餐廳無法留住任何正面印象，那就不過是家普通餐廳而已了。後來我聽過一個說法是，留住一位老顧客比創造一位新顧客要省一半成本。當這位消費者成了老顧客，那就完全物超所值了。但回過頭來說，關鍵還是，是否將服務放在第一位？經商者若同意，那就不要輕易對上門的顧客說No。

還有一個小故事是：

初期在台灣開設第一家紅茶店時，我與合夥人定好每日的營業時間是到凌晨兩點。白天的生意算差強人意，但到了晚上十二點之後，店裡就空空蕩蕩來客寥落了，尤其開店的當時正是冷冽風寒的冬天，店的設計是三面開口，越到晚上就越寒風刺骨，常常一身寒意。於是股東們建議，既然深夜客人稀少，那就提早打烊，一來節省人事成本，二來股東們也可早點休息。雖然言之成理，但我依舊堅持按照最初的營業時間約定，直到凌晨兩點才打烊。

我的觀念是，這麼做儘管看似不合成本，也可能累得人仰馬翻，但是營業時間就是與消費者的約定，形同告訴消費者：「只要是凌晨兩點前，我都一直在這裡等待，只要有空歡迎隨時前來。」試想，如果一家店的營業時間是看來客狀況隨意調整，那麼這家營業時間不固定的店家，不會給顧客留下好印象，因爲只要撲一次空，就沒有以後的消費了。這道理和約會一樣，「一方來了，一方卻不知在哪兒」，久而久之，就沒有下次的約會了。會被肯定的服務，絕對是一種信賴關係，一家餐廳一旦被信賴，就會有穩定的客源，這些都不是用錢換來的，而是出自於經營的服務熱忱，這就是即若是有錢買下餐廳，也未必能夠複製的道理。

對於運用連鎖制度擴大企業規模的人來說，經常出現的一個心理誤區是：只要家數夠多，規模夠大，就能夠有市場占有率，經營的實力就可隨之日漸擴大。在此思維下，便盲目衝刺開店，卻忽略了服務的品質。

台灣有家知名連鎖餐廳，因爲中央廚房調製湯頭不實，因而引發企業重大的經營危機。原本標榜高品質、高價位，也座無虛席的各連鎖店，一下子失去了消費者的信心，來客數大不如前。細究之下發現，爲了拚連鎖店數，從而後勤支援不上，開始出現便宜行事、馬虎虛應的情況，眞相出現後，信譽就一夕崩塌了。這家餐廳在開設前兩家店面時，確實經營得極好，品質與服務均屬上乘，但進入了快速展店的思考時，未妥愼審思後勤的服務是否跟得上，一旦出現服務跟不上展店速度時，尤其是食品安全的管控跟不上拓展，我認爲就彷彿進入了死亡交叉，企業就危殆可慮了。相反地，如果服務跟得上展店速度，那就進入了黃金交叉，企業的發展定是前景可期。

我有個成敗的相對觀念是：一家企業可能隨時從一萬變成零，也可能隨時從零變成一萬。零代表的是失敗倒閉，而一萬代表的是繁盛的經營榮景。天壤之別的兩種境遇，關鍵就在於服務觀念。是的，經營者經常會感覺，每一項努力、每一項工作細節往往看不到成效，就像是「0」一樣，但是我的觀念是：只要在這些不被重視、很難立竿見影的努力前面，放上「1」，那麼「1」後面的許多「0」，就會有意義了起來，成爲倍數效應的100、1000、10000，乃致更高的數字。而讓企業出現無限可能的「1」是什麼？我的答案就是「服務」，尤其身在餐飲行業，提供安全無虞的食安服務，更是不可缺的要項。服務的內涵就是一家企業的「質化」，也是企業個性與靈魂的展現。

企業優生學：打造混血團隊

我經常從培育一個孩子健康長大的同樣心態，來類比孕育企業的經營概念。如前所述，好的父母通常會從三個面向自小培育孩子成長：

第一、重視孩子的品格教育，灌輸謙恭有禮、友善人群的和善態度；

第二、繼之會培養各種謀生的技能，好增加日後步入社會的競爭力；

第三、更進一步的培養，還會希望孩子具備國際觀，因為值此地球村時代，無論是競爭或合作的對象都可能來自國外人士，因此語言的能力、國際的視野，會是父母培育孩子未來競爭力的關鍵項目。

培育企業完全可以類比，當灌輸了友善的服務精神、當磨練了專業的生存技藝，接著就是要培養企業同仁的國際視野，因為競爭或合作的對象不會永遠只來自當地，只要企業日益發展成熟，勢必要走出去面對各大世界的競合關係。

仙踪林之所以經歷大浪淘沙，品牌與市場占有率節節攀升，我個人的感受是，這與吳伯超先生開放的個性有密切關係。舉兩個例子。一是吳伯超先生在業內結交了很多朋友，多年來相互交往，彼此間都獲得了很多富有啟迪性的管理經驗，正所謂「它山之石，可以攻玉」。這得益於吳伯超經常參與連鎖行業中的各項活動，無私地與業內同仁們分享自己的創業成功與失敗經驗，由此獲得了大家的敬重。二是與很多民營家族企業不同，公司管理團隊已經實現職業經理人轉化，應企業發展需要，廣納賢才。在仙踪林總部，從總經理到部門總監，都是由來自內地、香港、台灣、澳門、新加坡、澳大利亞等地人才擔任，儼然一個「多國部隊」。由此不難看出，公司已經為實現企業公眾化的長遠戰略目標，奠定了堅實的基礎。

這是中國連鎖經營協會會長郭戈平女士，曾經在文章中這麼寫到我的企業。

我對「多國部隊」的另一說法是「混血團隊」，從優生學的角度，要讓羊隻有更好的體質，就必須混血交配，改善弱勢基因，增進強勢基因，經此優化與融合後，就可以打造混血的羊隻，擁有更強的生命力。

隨著連鎖加盟店的拓展，企業優生學的實行就越形重要。因為，展店地點的風土民情各異，如果沒有跨領域的理解能力而貿然展店，就可能受挫。比方說，由於要在龐大的中國大陸展店，我公司內部曾對各級城市做過評估與研究。因為各級城市的景況大不相同，無法以單一標準一體適用，因此必須要有差異化的認知，才能在展店時盡量符合當地市場的需要。為了能夠盡快抓到認知概念，其中就會以簡單的類比法做聯想。例如，為提高團隊設點的評估精準性，就會以國際城市做對照說明，因為設點的評估團隊，經常有其他地區的顧問加入。諸如簡單的對照組是：台北、東京，以及新加坡。

這三個城市都符合所謂穩定GDP、基礎建設良好，以及人口集中的三個設點條件，尤其是物價不低，具有消費潛力。但這樣的認知仍不夠細膩，即若是乍看相去不遠的高度文明都會，依然存有些許的差異。好比，近年發展迅速的新加坡，其成年人勤奮努力，坐下來休閒品茶的時間相對可能較少；且囿限於幅員狹小，店家累積的數目有限，因此若在此處拓點，可能正餐項目的比例會做調高，茶飲項目的比例就調降些。

而日本東京當然是一個非常進步的城市，但氣候偏冷，且日本市場一般來說保護色彩較重，必須面對的是一流的餐飲同業競爭，因此要想取得經營成績，除了熱茶飲的比例調升外，消費者也不邊走邊喝，因此原本外帶式的店面如何也能提供座位等，都是推出服務前的周延思考，畢竟日本是以服務細膩見長的國家。至於店面的裝潢，就得更具風格，尤其此處驚人的世界級高物價，從而在公司對經營中國城市的評估上，此處就宛若上海等一級國際戰區。

至於台灣，已被視爲是非常適合退休與休閒的「移居」與「宜居」世界，台北做爲台灣的首善之區，其和善熱情的人格特質，更讓台北人的社交力十分活絡，尤其週休二日的制度推出後，講究放鬆「慢活」生活步調的主張，早已深植人心，因此休閒環境的需求益顯重要。從中國城市的類比上，四川的成都就很有這樣的味道，儘管近年進駐的企業眾多，但成都人有別於沿海城市的慢活生活步調，早就是公認的宜居休閒都市了。

以熟悉的國際城市做爲評估設點時的參考依據，進行我稱之爲「全球在地化」（glocalization）的思維，亦即是既要追求全球化，也要關注在地化。這麼對照，不僅是設店評估小組的方便認識，也是爲了教育全體企業同仁。有了這些簡單的類比，那麼就容易在廣袤的中國市場找到類似的都會區，其目的是很快進入熟門熟路的感覺，助益籌設出合乎當地條件的合宜店面與服務。當然，評估一處的展店條件並不只如此簡單概念類比而已，還要更精密的市場調研。但扼要說，一種制度是死的，必須要透過許多的設計與觀察才能靈活應用制度，而這些當然是經驗的累積，也是有錢可能都買不到的經驗。

爲什麼要這麼去理解與分析？其目的就是要培育跨領域的人才。前文提過，中國是一個國家，但不是一個市場；只以同樣的標準沿用在其他地區的開店評估，不諱言可能過於粗糙，很容易就有水土不服的情況出現。同理，隨著企業跨海到其他國家展店，也遇到一樣對當地認識不清的疑慮問題。我常掛在嘴邊的一句話就是，企業內部不乏「認識快樂檸檬的人」，但可能沒有「認識江蘇省」的人、「認識馬來西亞」的人，甚或認識其他國家的人。也就是說，缺乏對加盟地認識的人才，從就欠缺貼近民情的本土化可能性。在此前提下，企業不能因爲想增大規模就激進擴張，所以我寧可暫時放棄許多地區與國家的授權代理，堅持等到時機成熟、人才資金等條件具足後，才跨出必勝的腳步。我認爲，因人設事是企業發展的關鍵，沒有合適的人，有天大的好機會都不具意義。

因此，回到花大錢的併購行爲，高科業就有很好的參考價值。晚近二十年電子高科技產業吸引了經濟發展的主要目光，重要的科技大廠無不將併購視爲發展的重要策略，我記得像是路由器大廠思科（Cisco），在業界就是以併購壯大爲名。其執行長錢伯斯（John Chambers）常說的一句話就是，他的「算盤不在於收購技術，而在於廣納人才」。這道理就如同前述，買餐廳，其本質是買廚師一樣。

從在香港事業轉虧爲盈開始，我即留意人才的延攬，只要經營成績好些，我就思考著這樣的盈餘能夠請到多頂級的人才？有幾次我誠懇延攬了任職於國際重量級飲料公司的高階主管，請其屈就到我公司任職，儘管薪水遠高於我，我都不在意。有股東說，「小企業出這麼高薪資請人，是否像是小孩玩大車，有點自不量力？」相對當時的企業規模來說，或許不該出現巨額年薪的高階經理人，但衡量財務狀況允許情況下，我認爲該毅然決然高薪聘才。因爲我根深柢固的觀念就是：沒有世界專業級人才，自己的企業就不會躋身世界級之林。不斥下重資經過辛苦的基因交配過程，土羊是不可能蛻變成混血羊隻；優秀的國際企業經管人才，有著豐富的產業經驗，他能替公司帶來的好處絕對遠遠大於年薪。

儘管高薪的專業人才也可能水土不服，或是小廟難容大神，進而沒能真正帶進實質營收的大幅成長，但純就共事經驗來說，其過程就已經帶給公司更多的先進經營觀念，這些都不是發展初期的企業能夠快速累積的。真有經營企圖心的話，就須將優秀的人才，不分國際，組成最好的服務團隊，混血的羊隻才能真正美麗茁壯。

我常想，無論是個人或是企業，要長大有兩種方式，一種是別人拉拔長大，他們會投入資源養分，讓你快速成長，但他們的動機就很難論斷。就像一個孩子或許長大了，但拉拔他長大的長輩可能有著對孩子的堅持要求，日後非得按照他希望的樣子行事做人，因而忽略了孩子的自性成長，例如從事了非己所願的職業。另一種則是自己長大。也許過程辛苦，該用來培育長大的養分付之闕如，但是自立更生、自己做主，從每一個生活細節與點滴中吸收觀念與成長的養分，那麼這孩子的成熟度應可想而知了。

企業的育種，就如孩子的培育，選擇哪種成長觀念，或許就決定了會有什麼樣的未來！

CHAPTER 8

亡羊補牢

要獲得夢想的果實，邁向成功的路徑，最重要的上路前準備，就是準備面對失敗的試煉。今天的我其實屢屢受到嚴酷的挫敗考驗，從經營權險被霸占、資金被股東挪用、品牌抄襲、盲目跟進對手的自我迷失，甚至身心健康的問題，每每讓我受挫甚重。但也因為這些失敗經驗的磨練，讓我得以更堅實地迎接下一個挑戰。

創辦事業後，很多人稱呼我是企業的leader（領導者），但我總想，每個leader其實多是從loser（失敗者）蛻變而來的。至少我豐富的失敗經驗，就可媲美今天「成功」經驗一樣的深刻。

還沒從軍中退伍，我就開始投資開店事宜，除了之後的泡沫紅茶店以外，先前還開設過小餐廳，以及布丁豆花店。而這些初期的開店經驗都是以倒閉收場，例如布丁豆花店，就有很慘痛的教訓。

豆花店的重挫教訓

早年一次偶然的機會，看到一對中年人推著一台手推車，沿路叫賣著「豆花、布丁喔」，當時我打完球正感到口渴，於是叫了一份來吃。當我吃下第一口時，也許是運動完吃得正是時候，我發現這味道眞是人間極品，沒一下工夫，我就吃個精光，回程路上還口齒留香，念念不忘這美味……，突然間，一個念頭閃過，正一心想著開店的我，何不就賣布丁豆花呢？

我的個性劍及屨及，利用某個假日，我找了朋友舊地重遊，想諮詢這對中年夫婦。果然一樣的時間，這對一起叫賣的中年夫婦準時出現，我和朋友分別點了一份吃了起來，這回是帶著點評的心情，看看到底是否值得投入？我和朋友兩人邊吃邊對看，兩人有了默契點了點頭，就這樣做了決定。

詢問了可能的加盟方式，並談妥由這對夫婦供貨品與原料後，我和朋友就開始動了起來，不同的是，我們決定採取店鋪經營而非攤販的走賣形式。於是從尋找門面、購買器具，到製作專屬的店名與商標，接著就大張旗鼓地開張了，滿懷著夢想，想透過開店的模式將這美味推廣出去。

開店事宜進行得非常順利，第一家店在新北市的永和開幕，且短短的時間內就開了五家分店，對習慣領軍中薪餉的我來說，利潤令我深感滿意。這時候，我覺得自己眞是幸運與順利，似乎即將邁向人生勝利組了。

那時候我還沒滿三十歲，卻已經有了五家店的規模，從年輕人白手起家的角度來說，這在當時不能不說是很難得的成績。事情順了，企圖心就大了，在如此順境下，沒有人會滿足現狀。虛榮心作祟，思考著趁勝追擊擴大營業，是必然的反應，但卻沒精算成本可能因此大增。

五家店面同時營業已經有連鎖店的雛形架式了，我自然念茲在茲的就是如何壯大規模，尤其是建立品牌，而錯誤也從這時候開始。我一樣地設計標誌，在所有可以看到的餐具與門面處放上標誌，將一大部分的重心放在識別的作法與成本上。

我希望透過這些專屬形象印記的區別，可建立與同業冰品店的區隔識別度。然而儘管獲利不差，但是當開了五家分店之後，並非每家店都如第一家的豐厚利潤，店數一多，人事等各項成本也水漲船高，尤其在貨源的囤積下、營運成本也快速竄升，利潤已經受到嚴重的侵襲了。

我這新竄起的品牌生意不差後，就開始引人注目，而嚴格說，冰品店的門檻並不特別高，很快地就有人跟進，同樣搶攻布丁豆花市場，而且就開設在我店面的鄰近地區，瓜分市場大餅。其中一家業者顯然是市場老手，它採取的競爭手法，除了以門市短兵競爭外，更從上游出手截斷我的貨源，也就是直接向貨主（是的，就是那一對夫婦）洽談了貨源的取得，最後並成功以高價壟斷布丁及豆花的供應，亦即取得了獨家的進貨權。

生意競爭不講溫良恭儉讓，它的競爭手法完全是我意料不到的，儘管我如何努力店內的裝潢與服務，但就跟電子業的情況一樣，一旦零件供應不及，整個組裝無以為繼、無法出貨，企業便會陷入極深的危機。我的五家店面臨一樣的情況，儘管我企圖另外尋找貨源，但一下子支應不及，且品質味道也有差異，最後在貨源無法穩定供應下，五家店面紛紛倒閉。後來從其他消息管道得知，這對夫婦賺到了上億財富，並已移民國外了。我的事業嚴重虧損，那些印有標誌的餐具擺滿整個倉庫。

這對我來說是很嚴重的一次挫敗，但我從此深刻體會到如何維護權利，穩定貨源，當然還有成本的謹慎控管。

從loser到leader：要錯得快、錯得便宜

儘管創業初期的倒閉經驗豐富，但我回想起來時，卻常感到慶幸，因爲當時仍然年輕。失敗不足懼，甚至是可喜的，只要失敗得有其代價。有一段描述失敗的話說得極好：「要快速而且便宜的失敗，要經常失敗，要用一種不會害死自己的方法失敗。要錯得快，要錯得便宜。」話中告訴我們，早些經過失敗的淘洗，從中獲取教訓，這樣的失敗就有著無比的價值與意義。

成功不可能是一帆風順、不可能一勞永逸，反而得經由多次失敗的洗禮；要懂得知錯能改，給自己亡羊補牢的機會，耐心等候成功的到來。每次的橫逆與挑戰，既蘊藏著敗亡的可能，但也蘊涵再起的契機，端看如何看待困境的發生。隨著年紀增長，更能體會不經一事，不長一智的說法，這是顚撲不破的眞理。

很多人常說，大成功是無數小成功所累積出來的，但從我創業的人生經驗中，更

眞切地說，很多眞正的成功其實是由許多不小的挫敗所累積的。當企業即將上市之際，回顧創業歷程的甘苦，更體悟到這樣的道理。如果眞要獲得夢想的果實，邁向成功的路徑，那麼最重要的上路前準備，就是準備面對失敗的試煉。今天的我其實屢屢受到嚴酷的挫敗考驗，從創業之初不久即與股東觀念衝突，且不諳市場業態，盲目斥資打造招牌終致關閉倒店；在香港遇到虧空財務的投資股東，也讓我幾乎無法再起；但這些前文提過的挫敗經驗，在興業過程中不一而足，就如我甫到香港，即面臨了經營權不保的重大危機。

【案例一：霸占經營權的疑慮】

台商全球辛苦征戰，商界人士總形容，台灣腹地小，機會有限，且環境變遷快，若不走出去只能「等死」；但走出去了，面對的是未知的風險，所以又形同「找死」。說到底，從商既是實現夢想，但何嘗不是投身風險的未來？而最大的風險往往來自人心，而不是市場的競奪險境。

當在香港經營有了契機之後，有嗅覺靈敏的香港人士看中——紅茶連鎖事業的發展潛力。香港的物價與地租居高不下，倘若要一家店養一家店的方式拓展，也就是等一家店有明顯的大筆利潤出現，再行拓店，將是十分耗時與費力的，畢竟這裡的物價水平太高了。在財力不足下，我同意釋出股權讓對方加入，股權占比是五十一比四十九，我是後者。

原本初期合作尚稱順利，尤其我儘管是紅茶產業的創始引進者，但只要能遂行心願，推廣泡沫紅茶，我占少股亦不以爲意。然而誠如前文所說，我當時拿的是旅遊簽證而非工作證件，因香港移民局認爲，我從事的紅茶店是一般的行業，而且當時的公司註冊金額僅一萬港幣，就是從微型公司起家。那時候的簽證停駐規定，有兩個禮拜的時間，也就是每兩個禮拜，就必須出境一次。

一九九七年時，有一回我不諳離境規定，時間未拿捏好，竟然被香港遞解出境，直到半年後我才重新順利返港。但此時，香港股東竟然在我必須離境的空窗期，惡意告訴聘請員工我不會再回香港了，明顯的擾亂與霸占意圖，讓我當時疲於奔命。

當我得知這樣的消息後，心中一驚，香港畢竟不是我熟悉的地方，真要被霸占經營權，我又沒工作證件，且必須要經常出境，一旦打起官司，我的立場與現況都非常不利。我沒想到的是，在香港如此經濟與文明發達的地區，竟然會有這樣惡意侵占的企圖，且竟然讓我碰上了。那真是驚濤駭浪、心驚膽跳的一段日子，一切的努力可能瞬間化爲烏有。

雪上加霜的是，來香港開業前，母親就已經罹患重病，有一次母親狀況極差，家人急電通知我，告知母親病危的消息。當時已知香港股東的企圖不良，苦心經營事業可能就此不保，但思親心切，立即奔回台灣。疾奔回去後，母親已進入昏迷狀態，幾天後母親不治離世，我永遠記得那天是大年初九，年都還沒過完。

母親生病時，依然支持我遠赴外地創業，儘管那是未定之天的努力，但母親對兒子的支持是無私與永恆的，身為長子的我一直遺憾沒能照顧母親，並讓她目睹我的努力與事業成長，也只能在夜深人靜時，流著眼淚思念母親。而母親儘管抱病卻依然鼓勵我開創人生的用心，也成了我每回返回香港後最大的奮鬥力量。

之後，我必須盡力消弭事業產生的危機。面對不良的股東企圖，儘管當時我非常氣憤，但從另外層面想，以股東角度思考，他們會認為我只是一個來自台灣的合夥者，沒有工作簽證，因此不過是抱著過客的玩票心態經營事業？但對他們來說，卻是把身家財產投入賭了這一把事業。且當時事業仍小，保障不足，僅憑雙方的契約規範，他們深感不足而有疑慮，因此向一些員工散布了我不會回香港的說法。當我這樣思考後，我放下了憤怒，開誠布公和股東表達了經營的熱情與企圖心，努力取得他們更多的信任，並且計畫著展店與經營事宜，強化他們與我的合作關係及願景的共識，終於，這些疑雲風雨經過懇談後一一克服化解，也不再出現經營權遭霸占的恐懼心態了。

我們都該同意，這世上沒有萬無一失的經營與人生，總有面臨疏漏、閃失與挫折。就像牧羊人放牧時，羊隻可能迷路而少了隻羊，也可能羊圈鬆弛，羊兒跑了。但牧羊人不該唉聲嘆氣，抱怨連連，因爲世上本來就沒有一「牢」永逸的羊圈兒，重要的是，當有疏漏、當出現迷途羔羊時，牧羊人要懂得亡羊補牢，只要做好補救工作，儘管損失不能挽回，但也不致再擴大。這就是危機控管的學習，也是從失敗者到領導者的必修課程。

面對香港股東的同理心理解、進而懇談溝通，就是亡羊補牢的正面舉動。每件危機若能用「以正導正」的心態，就會出現正面的結果。當然，經商二十餘年，面對極爲嚴重的亡羊補牢機會，絕對不只這次，因爲上天給予稱職領導者的試煉，也絕對不只一次。

【案例二：財務黑洞——一堂千萬價値的課】

大軍未至，糧草先行，這是用兵的基本道理。商場如戰場，金錢就是商戰中的糧草，沒有足夠的糧草，就很難安心打仗。從當初借錢赴香港創業，就深覺資金隨時用罄的迫切危機感。高昂的店租、初期慘澹的生意、朝不保夕隨時打包回家的感覺，時時縈繞心中。不免想著，雖然創業維艱，倍感辛苦，但如果有更多的資金可以苦撐待變，該有多好？

隨著知名度漸開，以及我打著連鎖制度的發展模式，香港，這個資本主義盛行極早的地區，當然充滿著各種投資機會以及嗅覺靈敏的投資人。偶然的機緣，結識了一位香港地主，他來了我店裡消費，一聊之後成了主顧，最後從言談中理解了我的創業藍圖與經營理念，他頗贊同我對香港市場的分析，以及泡沫紅茶的產業前景，更由於開始有媒體關注與報導，且有意投資我的人士不僅一位，於是這位香港地主即表達了出資入股的想法。

洽談合作的過程並不困難，他帶著誠意單純以資金換股權，很簡單的商業合作模式。這位地主人和善，對我尊重，也不太干預實際的運作，私下確實是位很好談天的朋友，當時他有個稚齡的兒子，也深得我和妻子的疼愛，能夠遇到投緣的夥伴確實非常難能可貴。

但後來我發現情況不太對勁，公司該依照持股與約定分配的利潤，並沒有順利入帳，而是由他先行取走；並以其他周轉名義向公司會計挪用了大筆的營運資金，他的投資事業與領域當然並不限於紅茶事業，我也不可能對他的所有財務投資狀況一清二楚，只是在很多時候，當他婉轉好言要求、希望先從公款借用周轉他的財務缺口時，甚至有幾次跳過我直接向會計挪借資金。初時基於日常的夥伴關係與交情，確實很難拒絕說不，且他之前豐厚的財力，從好的方向想，應該只是一時的方便而已。

儘管從公司經營角度，不該公私不分，總覺深感不妥，但抱持著幫助朋友度過財務缺口的念頭，也不便多說什麼，就希望他趕緊周轉過來，恢復正常。不料事與願違，他的財務狀況出了嚴重的紕漏，再也無力償還積欠的公款，連我私人借出的利潤都無法取回。顯然他在其他投資領域虧空了大筆金錢，連帶使得紅茶事業該分的利潤，無法真正落入公司帳戶。當時公司的營運資金十分有限，且已經在香港地區展店不少，每月所需的運作資金十分龐大，當時若有個經營閃失，真有可能造成倒閉的危機。

但積極的人生觀應該是，重要的不是失去了什麼，而是用僅有的什麼，去完成了什麼！該是公私分明的時候了，我帶著會計花了很長的時間與他釐清他所積欠的公司款項，屬於我私人的部分就暫且不論了。目的是先切開債務的黑洞，設下防火牆，並保有公司的債權，同時減持他的持股，以降低對公司爾後的衝擊。但在實際運作上，資金已經明顯短缺，非常危急。

當時真是危機極深，只要景氣反轉或是生意變差，很可能營運資金就完全不敷使用了，因爲各種情況換算下來，這次的財務虧損幾達千萬元。經過長時間挖東補西的財務運作，許多年後，公司才算脫離險境，而他積欠的款項雖未還清，但公司與事業至少保住了。

不諱言，這次公司幾乎瀕臨破產的經驗替我上了很重要的一堂財務課程，我自己難辭其咎，從此深刻體悟，無論與股東關係再好，但公歸公、私歸私，公款就是公款，絕不能以「權宜」爲名而借用，那將會導致以私害公的高度風險；而且錢歸錢、帳歸帳，管錢與管帳是兩種不同的體系，才不致讓經手金錢帳務者上下其手；尤其還需設有財務稽核的嚴謹制度，以防弊絕惡。

創業以來，每一刻都是學習，懂得創造商品、懂得行銷還不夠，我學習到要經營一個體質真正健康的事業，還要做到財務健全，以及各方面的面面俱到，才能成爲眞正稱職的企業領導人。

【案例三：自我抄襲？存亡風暴的危機管理】

香港的幾次危機事件，都讓我的創業理想可能隨時毀於一旦，其中最無奈的一次就是品牌的抄襲爭議。

我在台灣經營的紅茶店店名是「仙跡岩」，到了香港後，念舊的我也同樣沿用仙跡岩的名號。之後在香港經營一段時日，連鎖店拓展到二、三十家分店後，漸次打開了在香港的知名度，拜香港媒體報導之賜，經營景況有明顯進展。

當初參與投資的股東，其家族事業奠基香港，作風較爲穩健保守，而我感覺到發展的有利契機，認爲在那段時期應該要有更積極的作爲。雙方對市場發展的看法與步調出現了明顯差異，其後爲了減少爭議與內耗，以及從長遠思考，避免雙方衝突日深，因此我有意中止合作關係，但對方不同意。合作的前提在於目標一致，倘若看法殊異，就很難同心合力，勢必影響事業的發展。我原是從善意角度認爲若有不可化解之歧見，那就好聚好散，股東不成，仍是好朋友；但涉及利益的事情往往無法說斷就斷，尤其是當初的仙跡岩已經小有規模。

對時機的判斷，往往驅使著人做他認爲正確的事情，我就印證了這句話。我判斷當時的紅茶事業應該要積極拓點，但這涉及到資金的奧援，因此需要股東的同意，而我卻認爲機不可失、兵貴神速，必須盡快布局，於是爭執日深，甚至沒料到會法庭相見。這或許是「資深商人」和我這「菜鳥商人」的最大差別，他們懂得法律的武器作用，而我不懂事情需要到法官判決。最後我深感無奈，深覺機不待人，便想著乾脆另起門戶以避免股東的牽制，好自由地遂行我的想法。這就是「仙蹤林」的成立緣由。

另外自立門戶後，按著判斷與觀察，仙踪林的拓店一家接著一家積極開展順利，問題是香港股東仍舊經營「仙跡岩」，原本，原品牌的規模與知名度都很穩定，並不擔心新進者如仙踪林的加入競爭，一如我始終認為，同業競爭未必有壞處，反而彼此敦促，一起將市場的餅做大。但在仙踪林展店加速後，正面對決的態勢就無可避免了，因為新的品牌已經被他們視為勁敵。香港股東依然訴諸法律，甚至引發輿論戰訴諸香港媒體，指控「仙踪林」不論在產品、經營模式，甚至是裝潢設計，都抄襲「仙跡岩」。當時這項指控，在香港的八大報都有刊登，喧騰一時。

只想好好經營泡沫紅茶夢想的我以及跟隨我的股東，在面對香港股東的法律舉措時，都很憤慨，因為這嚴重打擊了新品牌的聲譽，也擔心留給消費者「山寨版業者」的不良印象。尤其嚴重的是，原先打算加盟仙踪林的業者，此時開始採取觀望態度，甚或打了退堂鼓；他們也害怕加盟的企業是個冒牌貨。香港仙跡岩是我創立的，仙踪林也是我創立的，現在卻演變成自己抄襲自己的景況，想來實在荒謬。

那時候我不在香港，有關心的媒體打國際電話給我，想訪問我對「仙跡岩」指控的看法，是否要採取抗訴？我在電話裡回答說，當然會採取抗訴以正視聽。而先前已經有股東打電話告知他對方的舉動，當時的股東表示要立即採取法律行動或是召開記者會，澄清「仙跡岩」不實的指控。我表達反對的立場，並立即返回香港處理。

回香港後，與股東開會研商對策，講究法律的香港股東力主以法律的方式解決。但我當時實在不願意對簿公堂傷了和氣，一方面只是經營歧見造成現在的局面，雙方並沒有深仇大恨，再者法律訴訟曠日廢時也勞民傷財，將金錢與精力耗損在訴訟上，殊屬不智。但該怎麼面對新品牌的存亡風暴呢？

論財力以及當時的規模，確實新不如舊，尤其嚴重的衝擊是，從經營上品牌鬧雙胞案，阻卻了加盟者的參與意願，也許我的法律訴訟打贏了，但加盟的人氣早已散盡，不知要多久的努力才能重新凝聚？思前想後，我從輿論媒體的角度思考並做了項決定。我買下香港蘋果日報以及東方日報全版的版面，同時聯絡平常往來的大盤商、贊助廠商、律師樓、台灣茶葉公會，以及包括台灣、香港、中國大陸、加拿大、澳洲等地加盟業者，邀請他們具名恭賀翰軒國際公司（即當年仙踪林紅茶連鎖店的公司登記名稱）全球連鎖加盟店突破五十家。

我的用意是平和透過媒體的廣告，扭轉自己的形象，並不想給人惡鬥的印象。果然廣告登出之後，扭轉了視聽與聲勢。我想的是，如果連台灣的仙跡岩都具名恭賀，何來抄襲之說？且讓讀者知道「仙踪林」是一個國際集團，且將泡沫紅茶引進香港的是我，今天的仙踪林只是新品牌，但卻是由引進者創立的牌子，孰是正宗非常清楚，它絕對不會有對手指控的抄襲剽竊之嫌。這份廣告效益的最好證明是快速澄清了疑慮，使得加盟者參與的熱度維持不降，仙踪林的加盟店在當時迅速增加到八、九十家，因爲具有國際形象的「仙踪林」成了加盟業者的第一選擇。

這次事件我還體認到，有時候負面的情勢確能有正面的效益。原來當時在香港的民調裡，知道「仙跡岩」的比例，約占七成到八成；而知道當時成立僅一年餘「仙踪林」的常常不及一個百分點。但經此事件後，仙踪林的知名度快速提升，也奠下了良好的發展基礎。

事後回想，採取這樣的處理模式不僅避免可能互咬的口水戰爭，也將所有不利的局面，轉化成有利自己的地方，更因爲這場媒體交鋒，使得對方累積四年多的知名度，無異於轉送給當時成立僅一年餘的「仙踪林」。這次的危機給了我爾後截然不同的危機面對態度，從惡劣局勢中找出正面反轉的切入點，尤其不需要面對攻擊就立即針鋒相對，搞得兩敗俱傷。當然，對方的控訴官司並不會因爲自己媒體的舉動而有鬆懈，但訴訟是長時間的糾纏，經營卻經常得先爭一時，因爲一個印象疏失就可能不再有發展機會了。加盟店的回籠就是最好的證明。之後，儘管官司繼續，但我卻已經走出香港，另闢更大的發展天地了。

【案例四：跟進對手．迷失自我】

在進軍中國大陸取得了基本的成績後，我原本想著只要朝著既定軌跡、一家一家地慎選店址，按部就班，理應有著可以預期的發展成績。那時候，我秉持著「內部創新」的想法，總想著將店面改頭換面，給消費者更舒適的空間。但囿於資金不足，要同時翻新所有店面確屬不易，於是只能遴選指標式的地址，權充旗艦店的形象，進行耳目一新的門市換裝。當時上海一級商圈戰區——淮海路的店面，就是此一思維下的產物。

淮海路堪稱當時上海的商業動脈之一，繁華迷人，國際店鋪林立。以當時的能力能夠承租此處店址，既是機會，更是賭注。不諱言，設立後的知名度與形象確實有著明顯的提升，甚至有國外媒體將我的店鋪視爲上海名店，當然此與淮海路店址的設立不無影響。

生意不差，證明了賭注的正確，同時似也印證了「店裝模式」的成功。這家裝潢頗見特色的店，確實有著明顯的同業區隔性。由於業績佳，也使我認爲裝潢形象扮演一定的成功因素，只要裝潢好，就是業績的保證。

但我錯了。那時候，星巴克甫進中國不久，國際企業登陸，店址自然寒酸偏遠不得，因此在星巴克的中國上海地圖中，當然不會遺漏精華的地段——淮海路。星巴克開店了，在淮海路上引起風潮，店門口排隊效應震撼著上海，更震撼了我。我長期將星巴克奉爲觀摩的先進，而今它在我的比鄰開啟了排隊的店家，我的業績不免大受影響。

做爲不斷思考的創業者，我不能坐視此消彼漲的現象，我得找出原因，力挽狂瀾。幾經自行思索、內部開會，我卻做出了一個「看齊星巴克」的決策。那就是，改變自家店的內部裝設，學習星巴克的排隊動向設計，徹底改造自己的門市。決策簡單，但資金困難，當時爲了連鎖店的形象一致化，一口氣改裝了五家店面，結果是：原來店面的幾項特色完全消失。那是非常沉重的一次資金付出，但是生意並沒有起色，我的財務遭受沉重打擊，幾乎一蹶不振。經過後來的多方調查與訪談，我從老顧客口中恍然大悟了一件事情，那就是：仙踪林不再是仙踪林了。

當星巴克等西式咖啡店加入競爭，而我也如法炮製以改變裝潢，並讓客人到櫃檯點餐的同樣作法時，有一天有位上班族的女孩看到後，突然問正好在場的我：「你們在幹麼？爲什麼店內沒有盪鞦韆？」我無奈地說：「還放鞦韆嗎？每家紅茶店都是鞦韆了。」確實，當我將鞦韆引進店裝後，那時競爭的同樣都仿造了這一作法，鞦韆幾乎成了紅茶店的基本配備。我想擺脫，尤其當國際強力對手大軍壓境創造了排隊榮景之後。

但後來反省自己作法，我這時想起了初到中國時的一個故事。

第一家在中國開設的店是位在上海五角場，附近有知名的復旦大學，那時候，以學生為主力的消費客群帶來不差的生意。但產品比店紅，很多人都知道珍珠奶茶，卻叫不出「仙踪林」。有一回，我聽到一位學生打著電話和朋友說，「就是電線桿左邊數來第三家」，以描述來取代店名，可見得建立品牌多麼不易。後來回台灣，我得到靈感，回中國後，將在台灣開店裝潢的特色——鞦韆椅，也同樣沿用在中國門市的內裝擺設上，但聽見的仍是「有盪鞦韆的那家店」的說法。

或許，消費者叫不出店名，但是在他們心裡已經烙下了某種圖騰印記，如果鞦韆是我引進的識別標誌，那重點就是，我該保有自己特色，而非一味追逐他人的腳步。

一家店確實需要與時俱進，但沒有差異化、失去自己特色的改變，可能是淪於平庸化的最大危機陷阱。後來我花了很長時間才慢慢改善財務，維持住生機。而這堂課給我的啟示是：即便門市要換新裝，但原有特色的取捨是改革的關鍵。改得大家都不認識的面孔，可能漂亮，但或將人事全非，自陷迷失了。

成功，是最差勁的老師

無論遇到什麼樣的挑戰與危機，經營人都必須從經營實務中，逐步發現問題，逐步改善問題，其目的就是要打造體質健全的好公司。只是沒想到的是，公司體質逐步改善之際，我的體質卻一度極不健康。

香港創業異地求生，人生地不熟，且資金短絀，加上初期生意遠遠不如預期，所有的景況或許都化成了無形的壓力，但當時的自己工作時不敢稍有懈怠，只怕做得不夠多、不夠好、將耽誤人生的心理，也許就提供了病魔滋生的溫床了。上班時全力招呼著客人，請不起員工時，就自己和老婆分工合作一起搖紅茶，沒客人上門時，就努力打掃著環境，希望客人進店時都有整齊的舒適感；下了班，拉下鐵門趕上末班車回租屋處還好，若是錯過，就得步行一段長路了。回到租賃小屋後，滿腦子也是想著該如何突圍，讓事業有所起色；就如每個創業者一樣起早貪黑地工作，就是懷抱著能有自己的一片天。工作上並不以爲苦，但可能身體並不如心理的抗壓與樂觀，有一度身心負荷極大，更曾經爆瘦，還讓妻子緊張地囑咐我到醫院檢查。

前言提到：「你想要有多大的成功，就看你願意爲它作多大的犧牲？（How much are you willing to sacrifice to achieve this success?）」我非常認同這句話，因爲一分耕耘一分收穫，這是鼓勵有心成功者盡心付出的提醒，於是犧牲往往是創業求成的必然代價。也的確，誠如聖經所言，若失去了自己，就算贏得了全世界又如何呢？但如果背負了數千員工的生計，過著每天擔心營業好壞的日子，那麼壓力就很難離身，也因此可能必須付出健康的疑慮與代價。誠然，付出多少，收穫多少，只是仍要有比例原則，生命之危的代價就不在此句之列了，工作與健康的兼顧，才是懂得人生的經營者。

然而，這就是事業經營者的宿命，其風險不僅來自商場，也可能來自身體，經營者的付出是全面的，這也是想成功者必須面對的挑戰。

無疑地，成功需要很多挑戰，甚至成功的本身，就是最大的挑戰。不少從台灣來香港或中國找我敘舊的朋友，每每到了我的店裡，常會打趣地問：「看你經營得有模有樣，服務生態度和善親切，你是用軍事化管理吧？」因爲他們知道我出身軍旅，看著訓練有素的服務人員，以及想著眾多分店的管理，因此自然聯想到我的出身背景。但其實不是，因爲現在的人士很不容易採行軍化管理了，一方面是社會氛圍講究人性，二方面泡沫紅茶行業的服務人員多半十分年輕，新生代的人選工作講究自由，也避免過勞的忙碌工作型態，因此軍事化的管理是行不通的。但是，訓練上我當然仍是要求嚴格，差別在於，必須輔以人性化的管理，尤其，理想的工作環境條件，除了薪資福利需具有一定水平以外，也在於要讓員工有成長的空間。其中的要項之一，就是工作時的犯錯。

我從重大的挫敗經驗中了解到，挫敗與橫逆是多麼地意料之外，而且稀鬆平常，稍一不慎，就會招致覆亡不起的危機。於是，儘管以嚴謹的規定約束著同仁，但我也知道，一定要容許他們犯錯的空間。沒有人是永不犯錯，犯了錯若以不合比例原則的方式做懲處，反而會造成他們多一事不如少一事的保守心態，而埋沒了創新與狂熱工作的動力。所以，我的經營觀念就是允許員工有犯錯的權利，但要他們期勉自己做到不貳過；倘若同樣過錯一犯再犯，那就是自己的問題了。

自己的態度確實是決定一切事情成敗的眞正關鍵。在環境日益複雜、變數難料的時代，一件事情眞要成功完成，其實須具備天時、地利與人和的同時俱足。這三者換個說法，我把它修改成「操之在天」、「操之在人」、「操之在己」的三大成敗變數，這三者是經營事業成效的鐵律，也是我的人生哲學。太多時候，原先擘畫周延的事情，卻因天有不測風雲，莫名地無法成事，事與願違；也或者，時機極好，但共事的一方人心難測，突然想法生變，導致計畫中的好事破了局。前兩者非自己所能掌控，因此眞正能夠著力的變數，就是操之在己的人爲努力。惟有秉持將努力交給自己、將結果交給上帝，保有平常心，才是最好的任事態度。

要將「操之在己」發揮到淋漓盡致，前提就要做好萬全的準備。幾次事業面臨重大危機後，讓我開始思考著，面對事情時該有什麼樣的準備思路，才不致慌了手腳、亂了分寸？而過去軍中的訓練確實給了我很好的思維訓練，很值得與人分享。

一般來說，**當面臨挑戰或擘畫方案時候，我多會從四個角度省思做準備，分別是：戰略、戰術、戰士，與戰備**。戰略，指的是要達到什麼樣的目標、其意義爲何？因爲如果戰略不清楚，就容易陷入不知爲何而戰的迷思；而戰術，則是指用哪些方法與途徑可以完成戰略目標，因爲若戰略目標極佳，但卻無力爲之，就只能是美妙的夢想，卻沒有逐夢踏實的能力；而戰士，就是指有無訓練合格、能夠完成使命的適格人士，畢竟事情是要人去完成的，人錯了，事情就錯了，因此平常時候的人才訓練非常重要；而最後則是戰備，指的是公司能夠提供多少的支援與工具，讓戰士們順利作戰？工欲善其事，必先利其器，有充沛的武器與戰備，才能體現公司在後勤方面的努力支援，戰士們才能從容安心作戰。每要進行任務接受挑戰時，我就會從這四點檢視自己的準備，準備充分了，才能上戰場對敵。

是的，準備再充分，依然可能結果不如預期，但拿出有條理的作爲，才是積極的人生觀。風險難測，成敗難料，最好的心態就是，不能讓失敗傷透了心，從而一蹶不振，但也不能讓眼前的成功沖昏頭。比爾．蓋茲有句非常有名的話：「成功是最差勁的老師，它帶給你的只是無知跟膽識。」有一天我從台灣的一個節目中看到，鴻海集團創辦人郭台銘先生的桌上就是放著這句話，據悉他每天都會看著這句話，好用來惕厲自己，切勿迷信過去的成功經驗，以爲經驗能永遠不斷複製下去。相反地，失敗才可能是最好的人生導師，讓我們時刻戒愼恐懼，永遠警醒。

毅力、用心，才會讓「關關難過，關關過」的生命奧妙發生在自己身上，就如同一個稱職的牧羊人，要時時地數著羊兒，就如同睡不著時候的數羊一樣，雖疲累但依然繼續數下去。就算羊兒跑掉了，不要沮喪難過，只要能心生警惕，好好重新振作，把羊圈修築得更爲牢固，就能避免爾後重蹈覆轍的遺憾與風險，就有機會挽狂瀾於既倒，進而提高管理的成功績效，也就如諺語說的眞理，亡羊補牢，猶未晚矣了！

結語 EPILOG 不忘初心

現代的游牧民族

從中國大陸再回到台灣設立分店，有朋友點評說，這好比是有些台商的發展模式，在中國壯大後，帶著更好的公司資源回來台灣競爭取得利基優勢。言下之意是，若當年依然留在台灣，也許今天就是另外的一番風景了。朋友說的不必然如此，就如即若先在取得成功，但以「後進者」回台後面臨固守本地市場，且已經站穩地位的「領先者」同業，也依然會有一番苦戰。能在台灣競爭勝出者都有令人敬佩的極強生存能力，先在大陸發展看似汲取了廣大的資源，但多數人不知的是，其實敗出中國市場的泡沫紅茶業者，更不知凡幾。在中國的廣大市場固然是得以淋漓發揮的舞台，但所面對的經營挑戰，絕對不亞於在台灣的白熱化。無論先中國後台灣，或是先台灣後中國，如何從每次的市場競爭經驗學到智慧，才是能否繼續跨岸發展的關鍵。

我打趣回朋友說，心境上倒比較可以知名的民謠〈蘇武牧羊〉歌詞自況。「蘇武牧羊北海邊，雪地又冰天，羈留十九年，渴飲雪、飢呑氈，野幕夜孤眠，心存漢社稷，夢想舊家山，歷盡難中難，節旄落未還，兀坐絕塞，時聽胡笳，入耳心痛酸。」姑且不論蘇武牧羊的歷史背景，以他近二十年的異域牧羊，且是在冰天雪地中的牧羊經驗，儘管歷史有一說，匈奴刻意給予蘇武無法生育的公羊，而得要生出小羊才能放他歸漢。但能在歷經難中難的艱苦環境中長年牧羊，一定累積了許多寶貴的專業知識。趣味地說，蘇武或許很有可能是當時最專業的牧羊人吧。

我常形容從事連鎖企業的經商者就像是現代的游牧民族，必須逐水草而居，一處接一處地不斷尋覓豐美水草的滋長地。因此相較來說，我與蘇武最大的不同，或許是他歸漢後就此解甲歸田告老還鄉，但我卻希望繼續耕耘自己的牧羊事業，依舊以牧羊人的心情與身分，帶領著羊群繼續尋找著如《聖經》裡「流著牛奶與蜜」的應許之地。差別的是，隨著年紀與事業的拓展而有角色的不同：當剛創業時候，我是站在最前面帶領著員工前進；事業經營過程中，我則是置身其中，與員工一起共同奮鬥；當事業步上軌道，或是我眞正退休時候，位置就是站在員工身後，爲他們鼓掌加油與打氣了。

霍華・舒茲如何保持初衷

我堅信，從環境中的歷練是任何專業養成的不二法門，經過困難的洗禮，而後能回到家鄉再度實現當初夢想，這是我自認最大的幸運。

每次回台灣，我都習慣自己一人開著車逛著曾經開過店，以及當年與夥伴走訪觀摩的紅茶店家的熟悉街道。每每經過這些雖有改變但依舊熟悉的一物一景，都會讓我浮想起當年的創業畫面。

可能是念舊的個性使然，回到過去，除了一份對往昔的懷念外，這些心頭景象總讓我重溫了當年的創業心情。光陰如白駒過隙，一九九四年正式創業，倏忽二十個年頭就這麼過去了。不諱言，過程中雖有肯定與滿意，但也充滿了許多的挫折與沮喪。那些宛如巨石壓心般的過不去時刻，不免偶爾閃過放棄的念頭，疲憊的心確實想好好休息。

而回到這些熟悉的創業舊時景象，回來的，不僅是依稀熟悉的景物與回憶，回來的，還有當年爲什麼創業的念頭、還有儘管夥伴爭得面紅耳赤彼此不讓，卻依然固執己見的堅持；創業比吵架重要，創業在當時甚至比老婆重要，正因爲懷抱那種爲創業奮不顧身的熱情與執著，才有爾後的成績。事業是長遠的，情緒是一時的，從這些舊時景裡，我重新溫習了當年的熱情與衝勁，那份創業初心，我知道是永遠要提醒自己不可或忘的驅動力量。

咖啡連鎖店龍頭星巴克的總裁霍華．舒茲也是如此。星巴克今天已在全球展店無數，有一數字說，僅在美國就有六千七百家分店。但至今星巴克仍保留第一家創始店，這一家星巴克的一號店是位在西雅圖派克市場（Pike Place Market）。霍華．舒茲有時就會回去重溫創業的感覺。爲求感覺不變，因此從一九七六年開店以來，原始店面只做了少許整修。盡量保留原始店面，目的正是爲了重溫舊夢，提醒自己不忘創業的熱情與初衷。

我一直重視仙踪林的店內裝潢，也一直思索快樂檸檬的門市模樣，在我的觀念裡，裝潢的更新會讓消費者有耳目一新的新鮮感。因此每隔一段時間，我就會推出二代店、三代店，透過新穎裝潢告知消費者，這是一處不斷更新與求進步的消費場域。但是，從台灣的創業店開始，我就在店內設立了盪鞦韆的座位，而邊喝飲料邊搖晃著鞦韆的別具感受，也始終是仙踪林的特色。至今無論推出到幾代店，我都會保留幾處的盪鞦韆座位，因爲這是識別標記，也是不忘本的提醒，它標誌著一路走來的創業印記以及心路歷程的點點滴滴。

本書尾聲之際，想著一路以來常會聽到的說法，有朋友說我眞是選對了行業、也有人說我選對了連鎖制度、還有人說我選對了市場，但若眞要說的話，我應該是選對了心態。誠如前言提過，當初很多人不看好紅茶產業、甚至包括股東在內，「搖紅茶的沒什麼了不起」，「紅茶又不是造原子彈」、「紅茶又不是高科技」等等輕蔑的話，當時我回說，「紅茶對我就是高科技」，當時回應反駁的這句話，沒想到就像是一錘定音般，隱然爲我日後的工作態度定了調，就是茫然大海中的尋位定錨，從此我秉持這一兢兢業業的心態，將紅茶視爲需要精研細節的產業，來從事我的工作。

二十個創業年頭過去了，就像是一個呱呱墜地的孩子轉眼間就邁入了「成年」的階段了。但成年的孩子距離所謂的「成熟」，乃至於「成功」，都還有太多的考驗與挑戰在前方等待著。期待我的企業孩子能夠繼續努力精進，健康成長、日趨成熟，爾後能留下令人肯定的成功事實，當然，以不忘初心且兢兢業業的畢其生、終其志、遂其願的平實態度，仍將是我陪著孩子長大的不變用心。

國家圖書館出版品預行編目資料

紅茶就是高科技／吳伯超◎口述，張志偉◎文字；初版. -- 臺北市
商周出版：城邦文化發行，2014.10
面； 公分

ISBN 978-986-272-598-6（平裝）

1.創業

494.1 103008899

新商業周刊叢書　BW0551

紅茶就是高科技：
以一杯茶打造國際餐飲集團的牧羊法則

口　　述　吳伯超
文　　字　張志偉
企劃選書　陳美靜
責任編輯　簡翊茹
版　　權　黃淑敏
行銷業務　周佑潔、張倚禎

總 編 輯　陳美靜
總 經 理　彭之琬
發 行 人　何飛鵬
法律顧問　台英國際商務法律事務所
出　　版　商周出版　臺北市中山區民生東路二段141號9樓
電話：(02)2500-7008　傳真：(02)2500-7759
E-mail：bwp.service@cite.com.tw
發　　行　英屬蓋曼群島商家庭傳媒股份有限公司　城邦分公司
台北市104民生東路二段141號2樓
電話：(02)2500-0888　傳真：(02)2500-1938
讀者服務專線：0800-020-299　24小時傳真服務：(02)2517-0999
讀者服務信箱：service@readingclub.com.tw
劃撥帳號：19833503
戶名：英屬蓋曼群島商家庭傳媒股份有限公司城邦分公司
訂購服務　書虫股份有限公司客服專線：(02)2500-7718；2500-7719
服務時間：週一至週五上午09:30-12:00；下午13:30-17:00
24小時傳真專線：(02)2500-1990；2500-1991
劃撥帳號：19863813　戶名：書虫股份有限公司
E-mail：service@readingclub.com.tw
香港發行所　城邦(香港)出版集團有限公司
香港灣仔駱克道193號東超商業中心1樓
電話：(825)2508-6231　傳真：(852)2578-9337
E-mail：hkcite@biznetvigator.com
馬新發行所　城邦(馬新)出版集團
Cite (M) Sdn Bhd
41, Jalan Radin Anum, Bandar Baru Sri Petaling,
57000 Kuala Lumpur, Malaysia.
電話：(603)9057-8822　傳真：(603)9057-6622　email: cite@cite.com.my

內頁排版／果實文化設計工作室
印　　刷／鴻霖印刷傳媒股份有限公司
總 經 銷／高見文化行銷股份有限公司 地址：新北市樹林區佳園路二段70-1號
電話：(02) 2668-9005　傳真：(02) 2668-9790　客服專線：0800-055-365

2014年10月23日初版1刷

ISBN　978-986-272-598-6